JN204818

うちのうさぎの老いじたく

愛うさとさいごの日まで
幸せに暮らすための提案

うさぎの時間編集部　編

誠文堂新光社

あなたはきっとこう言うよね

「老いじたくなんてまだ早い」

でもね、
あなたに元気で
いてほしいから

あなたと少しでも長く一緒にいたいから

これから過ごす時間を
もっと大切にしたい

すてきに年を重ねていこうね

モデルのみなさん

シロちゃん
13歳／シロちゃんは感謝状のコーナーにも登場。

うづらちゃん
7歳／たっぷりのマフマフがチャームポイント。

ナッツ君
10歳／10歳になっても「うたっち」上手。

クッキーちゃん
6歳／にわんぽが大好き、食いしん坊な女の子。

ジョイ君
8歳／愛くるしいベビーフェイスの持ち主。

カブ君
10歳／ニックネームは「カブ爺さん」。

もくじ

おいしいねー

くたびれたー

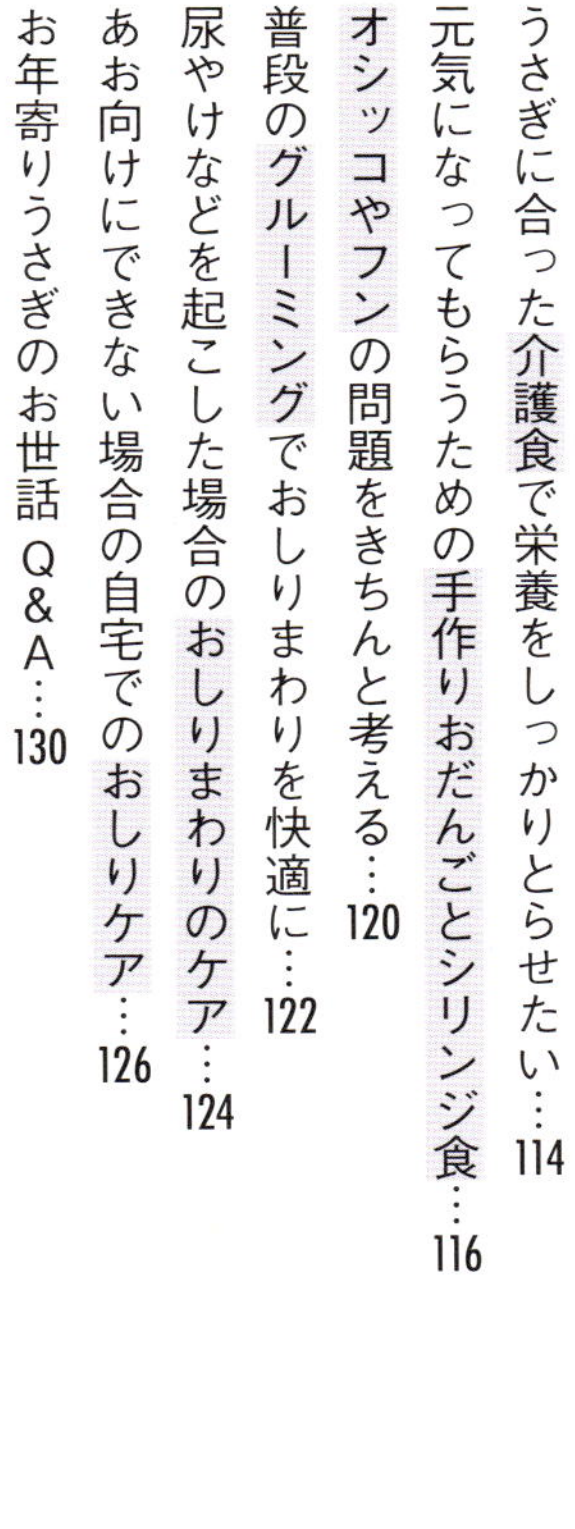
ほんま
やねー

はじめに

うさぎたちのシニアライフの鍵は、飼い主がにぎっています。そのためには、うさぎがお年寄りになる前に、きちんと「老いじたく」。飼い主がどっしりかまえていれば、うさぎだって安心して年をとることができます。

うさぎの専門誌『うさぎの時間』は、今年で10周年を迎えました。10年の間にたくさんのうさぎを取材してわかったのは、超ご長寿うさぎの飼い主にはほがらかでおおらかな性格の方が多いということ。うさぎにも飼い主のおおらかさが伝染するのか、マイペースな子が多いです。

「老いじたく」でまず大切なのは、飼い主の笑顔。そして、飼い主がポジティブで前向き、柔軟であること。「こうしなきゃいけない」「あれをしてはいけない」と、がんじがらめになっていては、明るくお世話できないですもんね。

お年寄りうさぎのかわいさを目のあたりにできるのは、飼い主の特権。年をとってから甘えだす子はたくさんいます。

うさぎとの日々が1日でも長く、幸せなものになることを願っています。

うさぎの時間編集部

CHAPTER

1

今からはじめる老いじたく

早めの老いじたくで健やかシニアライフ

うさぎの一生のなかで、もっとも上り調子なのは1～2歳の頃。性成熟して、エネルギーがはちきれんばかりになっています。オスのオシッコ飛ばしのお悩みは、この頃から始まることが多いです。逆にいうと、それ以降は落ち着いてきて円熟味を増していくわけですから、私たちは「大人になったうさぎ」と過ごす時間が長いということになります。

いくつになってもかわいいうさぎには、つい「○○ちゃん、ごはんでちゅよ」と赤ちゃん言葉を使ってしまいます。赤ちゃん言葉を使うとやさしい気持ちになりま

老いじたくは「転ばぬ先の杖」

「うさぎの寿命は伸びて、10歳を越える子だっている。うちの子に老いじたくなんてまだまだ、早いんじゃ?」

そう思う飼い主の方も多いのではないでしょうか。また、うさぎに「老い」という言葉を聞かせたくないという親心もあるのかもしれません。でもここで言いたいのは、したくをするのはうさぎでなくて、飼い主のほう。うさぎにずっと元気でいてもらうための、老いじたくなんです。

ゆずまる
11歳

11歳になっても元気にチモシーをこぼしまくり。一度床にこぼしたものは食べません。(東京都／I・Rさん)

ライト
7歳

いるだけで癒やしてくれます。小さい子供にやさしく、遊び相手になってくれます。(千葉県／S・Kさん)

すし、声のトーンも上がるので、うさぎにとっても安心でしょう。けれども、うさぎを「まだまだ子供のよう」と思いたいあまり、いつまでも若い頃の環境のままにしておくのは、うさぎにとってよいことにはなりません。

うさぎが牧草やフードを食べにくそうにしていませんか? ロフトやトンネルに上がりそこねて、足を踏み外したりしていませんか? うさぎの「かわいさ」「若々しさ」に惑わされてはいけないのです。うさぎの安全と健康を守ってあげられるのは、ほかでもない飼い主なのですから。

実践できることを少しずつ

老いじたくを意識するのは、早いに越したことはありません。うさぎは環境の変化に敏感です。お年寄りになってから住まいや食べ物をあわてて変えるよりも、今のうちからゆっくりと準備をしていきましょう。

たとえば流動食。今ではいろいろな種類があって、うさぎの好みによって選ぶことができます。元気なうちから試してみて、好みを見つけておいてあげるのも老いじたくです。

また、お年寄りうさぎに大事なのは、たくさん声をかけてあげること。今日あったことや、「大好きだよ！」でもいいんです。耳慣れた飼い主の声が、うさぎの気持ちを安らげます。これも、今から実践したいことですね。

楓太 10歳／さくら9 歳／青空（そら）6歳

3うさそれぞれ個性があって楽しいです。これからもしっかりお世話したいと思います。（千葉県／タツママさん）

うー子
8歳

左耳のお手入れが苦手で、なかなかうまくできないところがかわいいです。（滋賀県／にくすい過激派さん）

うさぎが老いるということ

野生のうさぎと私たちのうさぎ

野生で生きるうさぎの寿命は4～5年といわれています。けれども野生の場合、天敵となる動物がとても多いので、その寿命をまっとうすることは難しいでしょう。

野生で暮らすうさぎにとって、弱ったところを見せることは、即、命の危険にかかわります。ですからなるべく、「弱さ」は隠さねばなりませんでした。その名残で私たちと暮らすうさぎも、病気やケガを隠そうとします。飼い主としては、一刻も早く早期発見してあげたいのに、うさぎの心はかたくなです。飼い主がよく観察して、不調を見破るしかありません。

では、うさぎの「老い」はどうでしょうか。老いはゆるやかに時間をかけてやってきます。その間に飼い主と多くの時間を過ごすことになり、お互いの信頼関係ができていきます。

うさぎの専門誌『うさぎの時間』編集部には、野生下ではありえないような「寝姿」の写真がたくさん届きます。お腹を上に向けていたり、ハウスからずり落ちそうだったり。目を完全に閉じているうさぎもいます（うさぎは外敵か

らねらわれないよう、目を開けて眠るともいわれています）。これはうさぎが飼い主に心を許し、安心しきっている証拠でしょう。

ともに生きるから見えてくる老い

うさぎは飼い主とともに年を重ねることで、自分の弱さである「老い」を見せてくれるようになります。今までできていたことができなくなることの心細さから、飼い主に甘えてくるようにもなります。なかには、イライラして頑固になるうさぎもいますが、それは人間と同じですね。

「老い」を思い悩むのはうさぎよりも飼い主

うさぎは自分の老後について、人間のようにあれこれと心配することはありません。「寝たきりになったらどうしよう」とか「介護が必要になったらどうしよう」と考えるのは、人間くらいのもの。「あれ？ おかしいな。昨日はコレができたのに、なんでだろう」と思うことはあっても、うさぎは老いていく自分のことで、クヨクヨ考えることはありません。

また、うさぎはたとえ目が見えなくなっても、聴覚や嗅覚で感覚を補うことができます。老齢による白内障であれば、いきなり見えなくなるというわけではありませんから、うさぎはその状況にとまどうことはないでしょう。

とまどったり、クヨクヨしてしまうのは、むしろ飼い主のほうですね。自分より早いスピードで年をとるうさぎを目のあたりにして、必要以上に思い悩んでしまう。うさぎは敏感に飼い主の不安を感じ取ってしまいます。

お年寄りうさぎにお祝いの気持ちを

うさぎが老いるということは、それだけご長寿であるということ。お赤飯を炊いて、お祝いをしてあげたいくらいです。おおらかな気持ちで、うさぎの老いを受け入れましょう。年をとることがおめでたいことで、無事に誕生日を迎えることが飼い主にとっての喜びであることを、うさぎに伝えて

11歳のときに熊本地震を経験したメイちゃん。白内障になっても食欲旺盛です。

あげてください。

トイレがまたげなくなっても、目が奥まってお年寄りっぽい顔になっても、うさぎのかわいさに変わりはありません。むしろ、飼い主に心を開いて自分の身をあずけてくるうさぎの愛しさは、何ものにも代えがたいもの。お世話するごとに、愛情は深まっていきます。

私たちと暮らすうさぎの寿命は、ここ10年間でぐっと伸びました。ひと昔前では「うさぎの寿命は6、7歳」といわれていましたが、10歳を越えても元気な子はたくさんいます。長生きできるようになったのは、うさぎの食事がよくなったこと、医療が進歩したこと、飼育環境がよくなったことなどがあげられますが、一番の理由は飼い主の意識が高まったことにつきるでしょう。

飼い主の愛情が、うさぎの生きようとする力をますます伸ばすことにつながっていくのです。

おいじたぐらし 老けてきた？

小さかったギンも、もう7才!!
3ケ月のころ
コワ〜
なんやねん〜

百寿を目指そう うさぎの「祝い歳」

節目を祝って感謝の気持ちを

人生にはさまざまな節目があります。長寿を祝う「祝い歳」もそのひとつ。家族や親しい仲間とお祝いの気持ちを共有することで、その関係性はより豊かになっていきます。

うさぎにも「祝い歳」をもうけてあげて、無事にその年を迎えられたことをお祝いしてあげましょう。『うさぎの時間』が提案する、祝い年は5つ。好物のおやつでお祝いしたり、3章で紹介する「うさぎの感謝状」を贈ったり。いつもよりメニューの多い健康診断を受けてもらうのもいいですね。

『うさぎの時間』が考えるうさぎと人との年齢換算表

「うちの子は8歳だけど、人でいうと何歳?」という質問をよく聞きます。そこで、『うさぎの時間』編集部が、最近のうさぎ事情を鑑(かんが)みた年齢換算表を作りました。個体差がありますから、年齢＝老いではありませんが、目安のひとつにしてみてください。

これからうさぎの寿命が伸びて、この年齢換算表もどんどん伸びていってもらいたいです。

還暦(かんれき) 7歳

まだまだハッスルハッスルな7歳。と同時に、そろそろ老いじたくを実践するタイミングです。

古希(こき) 9歳

おだかやかに過ごす時間が増えてきた9歳。好物を見つけておいてあげましょう。

う傘寿（さんじゅ） 10歳

区切りのいい10歳を「う傘寿」と名付けてみました。盛大にお祝いして、感謝の気持ちを伝えましょう。

うさぎの年齢換算表 〜2018年版〜

	うさぎ	人
離乳	約8週	約1歳
性成熟	4〜5カ月	12歳
成長期	1歳	20歳
青年期	2歳	30歳
	3歳	36歳
壮年期	4歳	42歳
	5歳	48歳
中年期	6歳	54歳
	7歳	60歳
老年期	8歳	66歳
	9歳	72歳
	10歳	78歳
	11歳	83歳
	12歳	88歳
	13歳	93歳
	14歳	98歳
	15歳〜	103歳
長寿記録	18歳10カ月	122歳

*品種による差や個体差があるので、すべてのうさぎにあてはまるというわけではありません。

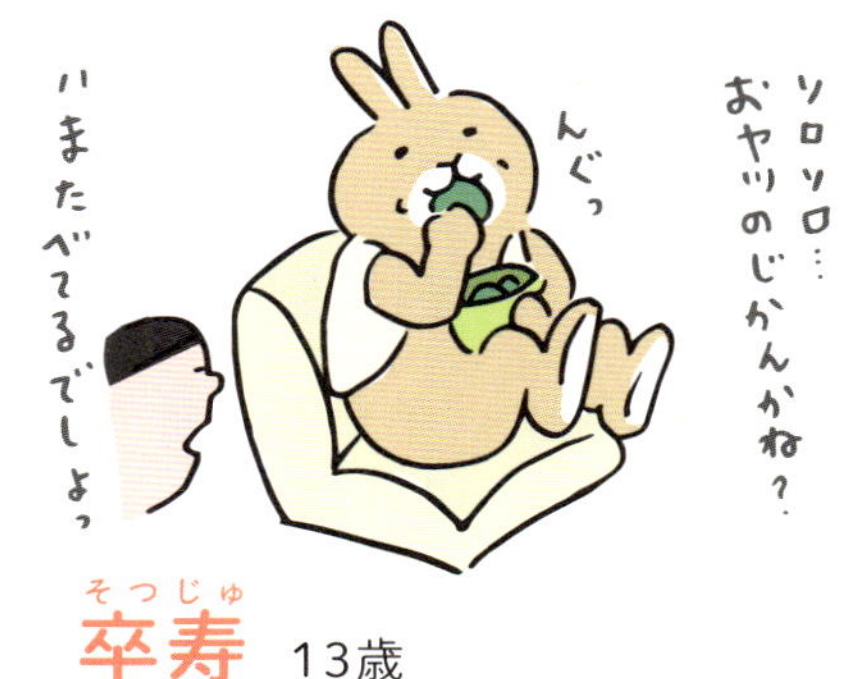

卒寿（そつじゅ） 13歳

いまや珍しくなくなった13歳ですが、スーパーご長寿なのは間違いなし。大好物のおやつをお祝いに。

百寿（ももじゅ） 15歳

拍手、拍手の15歳。生きていてくれることが、全国のうさ飼いさんのはげみになる存在です。

老いに備えて快適な住まいにリニューアル

目指すのはこれから先も快適な住まい

若い頃は元気に跳ね回っていたうさぎも、年を重ねるにつれて活動量は減っていきます。以前は軽々と乗れていたロフトや木製ハウスに、うまく乗れなくなることもあります。うさぎにだって、老いじたく用の住まいが必要。老後も快適に過ごせる住まいへのリニューアルを考えましょう。

なお、急に住まいの様子が変わってしまうと、うさぎがストレスを感じてしまいます。うさぎの様子に気をつけながら、少しずつケージの中のレイアウト、段差などを変えていきましょう。

「老い」より先回りをして住まいを見直そう

住まいを見直すのは、老いのきざしが見える前に始めるのがベスト。元気なうちに環境を変えるほうが、うさぎに負担をかけません。

先のことを見すえて、掃除がしやすい住まいにすることも大切です。掃除がいき届かず不衛生な住まいは、お年寄りにとって大敵。うさぎも飼い主も気持ちよく過ごせるよう、ひとつひとつ見直していきましょう。

ケージを新しくするなら、今よりも大きいケージに。ケージは年々改良されて、お掃除もしやすくなっています。

うさぎがハウスを気に入っているのなら、広いケージに替えて乗り降りしやすい環境に。

木製ハウスから足を踏み外すようなら、ハウスを撤去することも考えましょう。

かじり癖がなくなってきたら、かじり木を外しても。うさぎの様子が見やすくなります。

トイレを使っていないのあれば、トイレは撤去してケージ内のバリアフリー化を。

ケージの床にわら製のマットなどを敷いて、うさぎが休息できる場所を作りましょう。

ケージの出入りがスムーズにできるよう、ステップ台（P23）やスロープを置いてあげても。

ロフトは時間をかけて外しましょう

年をとる前からまず気をつけたいのがロフトです。若い頃にはロフトを楽しく登り降りできても、年とともにバランスを崩して落ちるリスクが高まっていきます。

とはいえ、いきなりロフトを外してしまうと、そこにあるものと思って飛び上がり、ケガをしてしまうこともあります。１週間ごとにロフトを低くしていって最終的に外せば安心です。

段差を減らしてスムーズに行き来できるように

年を重ねると段差が越えにくくなって、トイレの外でオシッコをするようになることがあります。トイレの段差を減らして、長くトイレを使えるようにしてあげましょう。段差が少なくてまたぎやすいトイレ（Ｐ１０５）や、段差の少ないトイレが付属したケージ（Ｐ１０７）などを検討してみてはいかがでしょう。

ケージの入口にもステップ台を置いてあげると出入りが楽になります。台は安定しやすい広めのものを用意してあげましょう。

食器の位置や角度が変わるだけで食べやすく

給水ボトルから飲む量が減ったら飲みにくいのかもしれません。少し低い位置に取り付けてあげましょう。食器はケージに固定するタイプを使うと、いつでも食べやすい高さと角度にできて便利です。

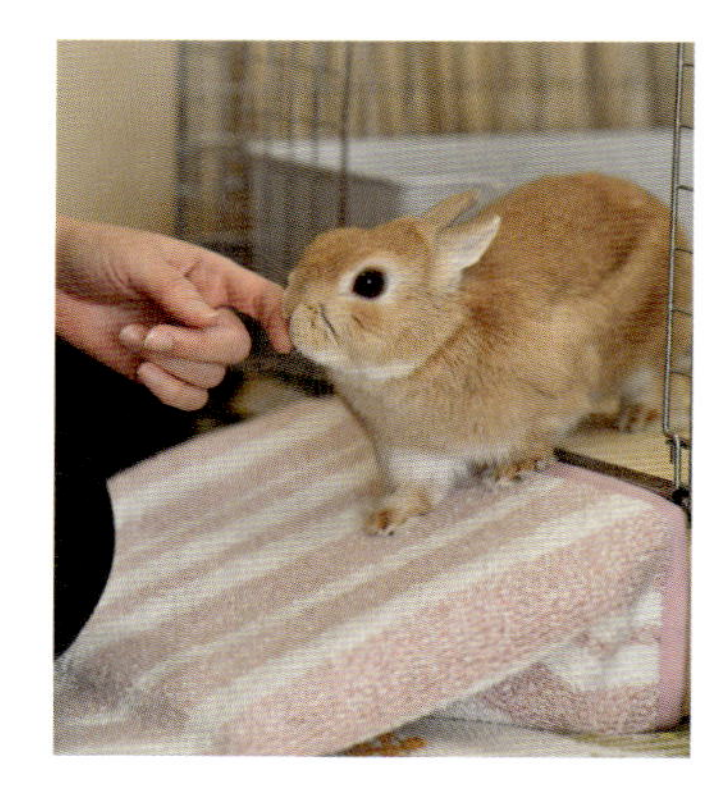

出入り口にスロープを使う場合は、踏み外したり滑ったりしないか気をつけて。

かんたん手作りステップ台

木の箱やお菓子の箱を裏返し、タオル（糸のでにくいもの）などを巻けば完成。床には滑りどめ用のマットを敷きましょう。

ロフトの位置を低くして

ロフトやメッシュトンネルなどは、少しずつ下げていき、最終的には取り外すようにします。

部分的にマットを敷いて

同じ場所にいることが次第に多くなってきます。わら製や布製のマットを、部分的に敷くのもいいでしょう。布製の場合はかじらないか注意して。

スペースにゆとりをもたす

老いじたく中といえども、まだまだ退屈を感じるうさぎには、ある程度の「段差」も必要。広いケージに替えて、またぎやすい段差を。

へやんぽで楽しく筋力を維持しましょう

へやんぽタイムを通して今の筋力をキープ!

お部屋でのおさんぽ、「へやんぽタイム」はうさぎと飼い主がコミュニケーションをとって楽しく過ごせるひとときです。それと同時に、ほどよく運動しながら筋力を維持し、肥満を予防する効果も期待できます。ひいては年をとってから転んだり寝たきりになるのを防ぎやすくなります。

なお、年を重ねるとともに、へやんぽ中でもよく横になるようになります。だからといってへやんぽ時間を減らしてはもったいない! へやんぽ時間を延ばしたり、楽しく動きたくなる工夫を考えて運動量を増やしてあげましょう。

運動量を増やすならまずは楽しさをプラス

へやんぽ時間があまりとれない場合には、ケージにサークルをつなげて普段過ごすスペースを広げてあげるのもおすすめです。サークルの中にも牧草やトイレを置いておくのもいいですね。

少しだけおやつを用意したり、たくさんなでてあげながら、へやんぽタイムをますます楽しんでいきましょう。

おやつやナデナデなどでふれあいながらへやんぽの楽しみもアップ。

うさぎのアジリティ遊び、ラビットホッピング。バーを外して行ったり来たりするだけでも楽しめます。

キューブハウスはうさぎに人気の遊び場。年をとってきたら、2階部分は外してフラットにして使いましょう。

へやんぽ中にトイレが間に合わないこともあります。写真では介護用の防水マットをラグの上に敷いています。

運動はあまりしなくても「ケージから出たい」という気持ちはあるもの。へやんぽすると気分にメリハリも出ます。

へやんぽ中に寝そべることも増えます。ナデナデして思う存分甘えさせてあげましょう。

column

うさんぽと老いじたく

お年寄りうさぎを外へさんぽに連れていくのは、おすすめできることではありません。でも、若い頃からうさんぽを楽しんできた子にとって、うさんぽは喜びのひとつ。慣れ親しんだ安全な環境を選んで、うさんぽに連れていってあげたいですね。なお、年をとってからのうさんぽデビューは控えましょう。おだやかに過ごさせてあげるのが一番です。

牧草をしっかり食べて歯とお腹を健やかに

何歳になっても主食＝牧草でヘルシーに

うさぎにとって牧草は大切な主食です。うさぎは牧草を歯ですりつぶすように食べることで、伸び続ける歯をすり減らすことができます。歯が伸びすぎないため、不正咬合の予防にもなります。

さらにたっぷりと含まれている繊維質によって、消化管の働きも健康的に整えることができます。

歯のトラブルで牧草が食べられなくなった場合は仕方がありませんが、基本的には何歳になっても牧草中心の食生活を送ってもらうようにしましょう。

たくさん食べられるように牧草の特徴を活かして

あらゆる年齢のうさぎにおすすめの牧草は、チモシーの一番刈りです。一番刈りはその年初めて刈り取った牧草で、繊維質に優れています。いつでも食べたい放題にしてあげましょう。

食べっぷりがにぶったら、チモシー二番刈りや三番刈り、ほかの牧草で食を誘ってみましょう。オーツヘイは香りがよく、うさぎが好きな牧草です。アルファルファも喜んでよく食べますが、栄

牧草をポシポシ食べてくれる音は、飼い主にとってうれしい響き。たまにはこんな「牧草ファーム」で遊ばせても。

養価が高いので食べ過ぎると胃腸に負担をかけたり、肥満になりやすくなります。オーツヘイもアルファルファも、少しだけチモシーに混ぜたり、おやつとしてあげる程度がいいですね。

年とともに痩せてきた子には、お腹の調子を見ながらアルファルファを足すのもおすすめです。

食べなくなったらもう一度好きな牧草を探して

若い頃から喜んで牧草を食べていたうさぎが、年とともに牧草を食べたがらなくなることがあります。健康で歯にも問題がないのであれば、食べ物の好みが変わったのかもしれません。

もう年だからとあきらめないで、しっかり牧草を食べられるように、さまざまな産地やメーカーの牧草を試してみましょう。今の好みに合う牧草が見つかれば、再び食べるようになるはずです。

おいじたぐらし 好みが変わる

ペレットで栄養バランスをとって若々しさをサポート

ペレットは牧草に次いで二番目に大切な日常食

総合栄養食としてのペレット（ラビットフード）は、牧草に次ぐ頼もしい日常食です。うさぎがほしがっても、牧草の食べっぷりに影響が出ないくらいの量をあげるようにしましょう。

うさぎによっては牧草よりもペレットを食べたがる子もいます。ペレットを食べるときは上下の歯で押しつぶすようにかみ砕くため、牧草のように伸び続ける歯をすり減らすことができません。不正咬合を防ぐためにも、ペレットは副食と考えてあげすぎないようにしましょう。

今までのペレットが合わなくなったらシニア用を

若い頃からあげていたペレットも、年をとってくると合わなくなって痩せたり、逆に太ったり、お腹に負担がかかるようになることがあります。好みが変わって、今までのペレットを食べ残すようになることもあります。そんなときに取り入れたいのが、シニア用ペレットです。

シニア用ペレットはカルシウムが少なめで繊維質は多めのものが

牧草だけでは足りない栄養分が、手軽にバランスよくとれるのがペレットのうれしいところです。

〈イースター〉
バニーセレクション
スーパーシニア
コエンザイムQ10、グルコサミンなどが入った7歳以上用。

〈ウーリー〉
スペシャルブルーム
植物性プラセンタやアガロオリゴ糖、ハナビラタケを配合。

〈三晃商会〉
ラビット・プラス　シニア・サポート
グルコサミン、ビタミンB12など高齢向けの栄養たっぷり。

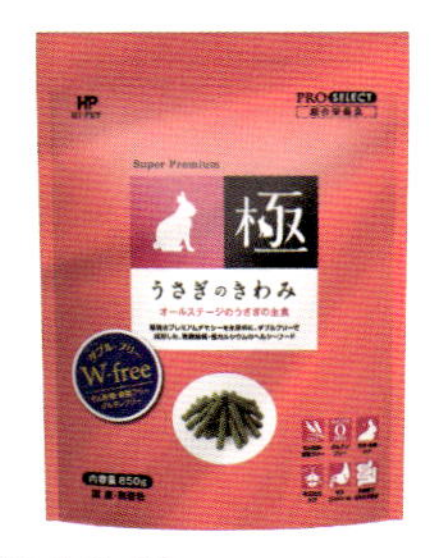

〈ハイペット〉
うさぎのきわみ
でん粉類や穀類を使わず、カロリー抑えめ。オールステージ用。

〈ジェックス〉
彩食健美
5歳からの7種ブレンド
代謝を助ける植物酵素入り。歯にやさしいソフトタイプ。

ほとんどです。グルコサミンやコエンザイム、漢方食材など体にやさしいといわれている栄養分も含まれています。うさぎのお腹にやさしく好みに合うものを、見つけてあげましょう。

なお、問題なく今までのペレットを食べているようなら、無理に切り替えなくても大丈夫です。

野菜やおやつをあげて老後の楽しみやふれあいに

手わたしにしたりご褒美にあげて、おやつを一緒に楽しみましょう。

幸せにしてくれるうえにもしものときの非常食にも

食べることは生きる喜びです。特に年をとって活発に動き回らなくなってくると、食べることは大切な幸せのひとつとなっていきます。あげすぎない程度に、おいしい野菜やおやつをあげましょう。

普段から野菜やおやつをあげておくと、うさぎのお気に入りが何かわかってきます。お気に入りが見つかれば、うさぎの食欲が冴えないときでも野菜やおやつを食べさせられて安心です。お年寄りになると消化器系の病気をしやすくなるので、普段からうさぎの好みを見つけておきましょう。

野菜とおやつをあげながら絆を深めましょう

野菜は旬のものほど栄養価が高いもの。できるだけシーズンのものをあげたいですね。うさぎが食べられる野菜を自家栽培して、新鮮な味を楽しんでもらうのもいいでしょう。

おやつはコミュニケーションツールとして手からあげるのがおすすめ。野菜やおやつを部屋やサークルの隅に置くことで、運動に誘うこともできます。

column

サプリメントはお年寄りうさぎに人気

お年寄りうさぎ用に販売されているサプリメントにはさまざまなものがあります。薬ではないので必ずあげなくてはいけないものではありませんが、栄養補助には便利です。うさぎが喜んで食べるなら、おやつ代わりに少しずつあげてもいいですね。ただし、メインの食材はあくまで牧草とペレット。うさぎが高齢になるとついサプリメントが増えがちですが、あげすぎないよう補助的に与えていきましょう。

見つけてあげたい うさぎの老いのきざし

うさぎの老いは個性のひとつです

うさぎに老いが訪れる時期は1匹1匹異なります。10歳を越えても元気にジャンプするうさぎもいれば、7歳で毛並みがパサついてくるうさぎもいるものです。また、活発に動けるけれど病気が増えた、健康だけれどよく寝転がって過ごしているなど、老いの現れ方もまちまちです。

わかっているのは年を経るにつれてうさぎも変わっていくということ。でも、楽しい日々を積み重ねてきたからこそ今のうさぎがいるのです。うさぎの老いは個性のひとつととらえて、上手につき合っていきたいですね。

老いと病気を間違えないで

お年寄りうさぎはよく寝て過ごすようになります。でもなかには体がだるい、痛いなどの理由で動きたがらないうさぎもいます。

早めに病気を見つけられれば治療も進めやすくなります。次ページからの「老いのきざし」と同じ行動だったとしても、急に変化が起きたときには念のため病院で相談してみましょう。

老いのきざし

毛づくろい中におっとっと

食フンや毛づくろいをしていると足もとがふらつくことが増えてきます。ときにはそのまま転んでしまうことも。

気づけば今日もうたた寝中

走り回ることが減って、ボーッとしたりよく横になるように。疲れやすくなって寝ている時間も長くなります。

年寄りらしいシブミが出る

目が奥まってきたり、物事に動じにくくなったり、老うさぎならではの風格が出ます。

好きな牧草が変わります

茎が好きだったのにやわらかい葉を好んだり穂を食べたがったりと、牧草の好みが変わります。

- 段差につまずく
- そういえばジャンプをしなくなった
- ツンデレうさぎが甘えん坊に

小じりになる

筋肉が落ちるうえに、毛並みのふわふわ感も落ちてくるので、若い頃よりも痩せたように見えます。

背中がゴツゴツしてくる

老いると筋肉が落ちてきます。お腹はふっくらでも、背中は骨ばっていることは珍しくありません。

耳が遠くてマイペース

だんだんと耳が遠くなり、名前を呼ばれても反応しなくなったり急な物音に動じなくなっていきます。

悲しくないのに涙がち

歯のトラブルや目の病気などで涙が止まらなくなることがよくあります。目の脇から涙の筋がつくようになることも。

真ん中で寝る

警戒心がなくなり、何事にもアバウトになってきたのか、部屋のど真ん中で寝るように。

ナデナデの要求が激しく

ことあるごとに「なでて」と要求してくるようになります。飼い主はいつまでもナデナデするはめに。

ロフトってなんだっけ？

あんなにお気に入りだったロフトやトンネルに登らなくなることも。取り外すチャンスの到来です。

食べ残すようになる

食器が食べづらくなったり、好みが変わったりすると、食べ残すようになります。食生活の見直しを。

こんなきざしも

- 運動不足で爪が伸びぎみ
- もたれて横になるのが好き
- 抱っこされても許します
- 毛並みがパサついてきた

トイレでオシッコしない

手前まで来ているのに、トイレで用を足さないことも。手前まで行かずにその場ですますこともあります。

盲腸便を落としがち

前かがみになるのがおっくうになり、盲腸便を食べなくなります。肥満になっても落としがちに。

ひなたぼっこが好き

体が冷えやすくなり、暖かいところを好むように。ぽかぽかとしたひだまりでうとうと……。

ケージから出てこない

筋力が落ちて、ケージから出てこれなくなくなります。ステップ台などを出入り口に置いてあげましょう。

おいじたぐらし 老いのきざしあるある！

あまりかじらなくなった

かじることに執着がなくなってくる子が多いです。布ものなどをケージに入れてもかじらないように。

ちゃぶ台がえしは卒業

若い頃は気に食わないことがあると、フード入れを引っくり返していたうさぎ。老後はおだやかになるケースも。

こんなきざしも

・食べながらでも寝てしまう
・おやつのときだけ俊敏に

うさぎの読み物

老いの楽しみ

幼い表情を見せていたうさぎもいつしか立派な大人うさぎになり、いずれ老齢になります。見た目はまだまだかわいい「うさちゃん」でも、実年齢はとっくに飼い主を追い越し、年老いていきます。淋しいけれど、それも自然の摂理です。

そんなお年寄りうさぎとの暮らしには、ともに歳月を重ねたこその楽しさもたくさんあるんです。若い頃には荒ぶったりオラついたりしていたうさぎも、気がつけばおだやかになっていたりします。そっと寄り添っていてくれるその様子は頼もしいかぎり。「年をとったら甘えん坊になって」という声もよく聞きます。ぐっと近づく距離感も、お年寄りうさぎならではの包容力なのかもしれません。

その一方では、ますます頑固になっていったり、人との距離感をもったままのうさぎもいますが、毅然(きぜん)として自分の生き方を貫くその姿は、むしろ立派だと褒めてあげたくもなります。

うさぎがお年寄りになってきたら、うちの子は「ジジイ・ババア」と呼ぶべきキャラなのか、それとも「おじいちゃま・おばあちゃま」と呼びたくなるキャラなのか、そんなことを考えながら接するのも楽しいかもしれません。

どうしたら快適な老後となるかを考え、工夫するのも幸せなことです。そのうさぎが歩んできた人生なら ぬ兎生(とせい)の集大成の時期に一緒にいられることに感謝しながら、日々を送りたいものです。

大野瑞絵
動物ライター。一級愛玩動物飼養管理士。ヒトと動物の関係学会会員。著書に『新版 よくわかるウサギの健康と病気』(誠文堂新光社)など。

CHAPTER

2

日々の健康チェックとかかりやすくなる疾患

監修・三輪恭嗣（みわエキゾチック動物病院院長）

かかりつけと専門医を上手に活用して

うさぎの老いは病気ではありません

「老い」と聞いて、病気がちでよぼよぼの状態をイメージする人もいるかもしれません。でも、老いは病気ではありません。

どんなうさぎもいつかは老いを迎えます。毛づやが衰えたり、活発に動かなくなったり、少しずつ痩せていくのは自然なことです。

その一方で、年とともに免疫力が落ちると、若い頃によくかかった病気をくり返しやすくなります。特にうっ滞や軟便などの消化器官系の病気をしやすくなります。

かかりつけの病院で定期健診を欠かさずに

年をとると若い頃よりも病気が治りにくくなってきます。そのため、予防と早期発見が今まで以上に大切になってきます。

そろそろ若くないなと感じたら、かかりつけの動物病院で定期健診を続けていきましょう。健診の目安としては、健康であれば4～5歳で半年に一度、7～8歳以降は3カ月から半年に一度。10歳以上の子や持病がある子は、かかりつけの病院で次のタイミングを相談するといいでしょう。

ポアロ
8歳

バナナとモモが大好き。爆睡してても「バナナ」と言うとすぐ起きます。（兵庫県／ポアロまま）

ピコラ
推定10歳

モルモットとデグーと一緒に暮らしています。ピコラはみんなのやさしいお姉さんです。（東京都／ビスコ）

ホームドクターに小さなことも相談を

かかりつけの病院は、いわばホームドクターです。普段の健康管理をサポートしてくれる存在としていつでも気軽に相談しましょう。

かかりつけの病院では、普段のうさぎの生活や体格、よくかかる病気のことなどを把握しています。そのため定期健診や相談のさいに病気のきざしに気づいてくれたり、うさぎの性格に合う治療方法を考えてくれることがあります。うさぎも行き慣れた病院なら、通院しても極端にストレスを感じないですむことでしょう。今はまだかかりつけの病院がない場合は、もしものときに頼れる動物病院を見つけておきましょう。

症状によっては専門医でより細やかな診療を

もっと細かく診てもらいたいと感じたり、セカンドオピニオンをとりたいと感じたときには専門医に行くのもいいですね。

専門医では、そのジャンルにくわしい獣医師に丁寧に診てもらうことができます。動物病院によっては、外部から定期的に専門医が来て診察を受け持っているところもあります。また、獣医師同士のつながりを活かして、かかりつけ病院から専門医を紹介してもらえるときも。今までの症状などを踏まえて診てもらえるように、まずは「専門医にも診せたい」ということをかかりつけ病院に相談しておきたいですね。

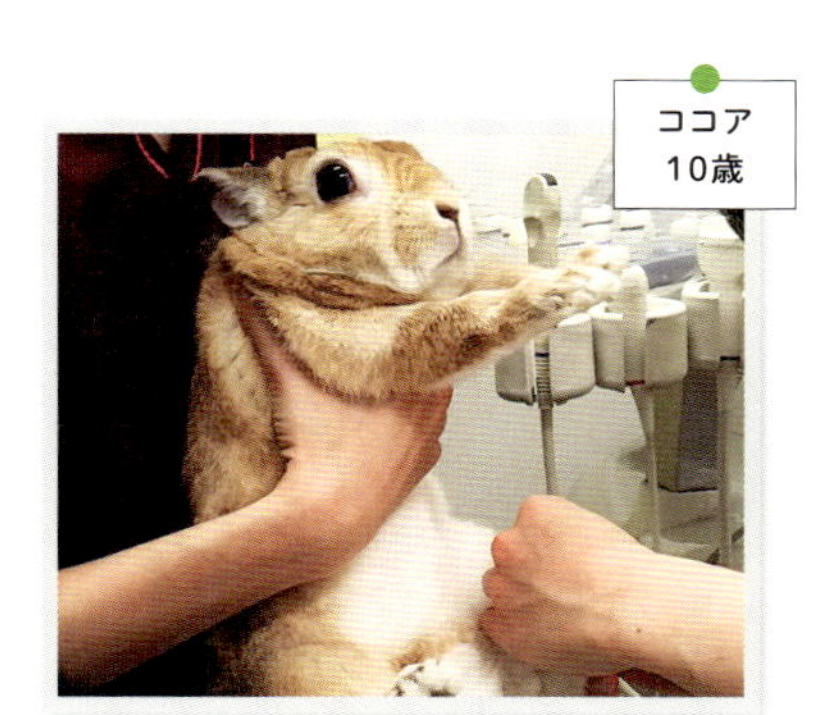

ココア 10歳

高齢になってロフトを撤去しました。写真はかかりつけの病院にて。（東京都／中里孝子さん）

ウッディ 7歳

いつもゴロゴロしているウッディ。仕事に出かける前に見ると気が抜けます（笑）（愛知県／F・Rさん）

病気とうまく付き合うことがご長寿ライフを円滑に

飼い主との二人三脚のおかげで長生きに

お年寄りになったうさぎは、ずっと健康に暮らしてきたか、病気になってもそれを乗り越えた子たちです。毎日お世話をして、一緒に日々を重ねてきた飼い主がいるからこそ、お年寄りになれたともいえるでしょう。

人間でもそうですが、うさぎも年を重ねるにつれてあちこちにガタがくるものです。これは飼い方に原因があるのではなく、長生きすれば誰にでも起こる自然なこと。年をとってから病気がちになるうさぎもいますが、どうぞ自分を責めないでくださいね。

病気になってもあわてないために

うさぎが幸せに暮らしていくためには、健康管理にプラスして病気と上手に付き合っていくことも大切になります。

うさぎは年とともに病気になりやすくなるだけでなく、治りにくくもなっていきます。若い頃なら1～2日で治った病気が、なかなかよくならないこともあるでしょう。また、複数の持病を抱えるようになるかもしれません。定期健

主人がすごーくかわいがってて、こんなにデレデレになるとは思わなかったです!（東京都／O・Aさん）

診の回数も、若い頃よりも多くなっていきます。

最後まで病院にあまりかからないうさぎもいますが、一般的にはうさぎの老いとともに医療費は増える傾向があります。お金を気にしないで治療を受けられるように、今からでもうさぎ専用の貯金をしておくと安心ですね。

この2章では、家庭でできる日々の健康チェックと、うさぎが年をとってからかかりやすい体のトラブルについてまとめました。もしうさぎが病気になってもあわてないで受け止められるように、かかりやすい病気のことを知っておきましょう。

おいじたぐらし 病(やまい)あれこれ

おやつを食べてくれない…
毛球症かしら…
ブラッシングさぼってたし
でソファの下でうずくまる
満腹でした…。

えっ、なんだか大きなかたまりが…
ガン…!?
あわわ
ん?
ただのイボでした…。

ギンちゃんの目が白く…
じしっ
なんや?
白内障でした…。

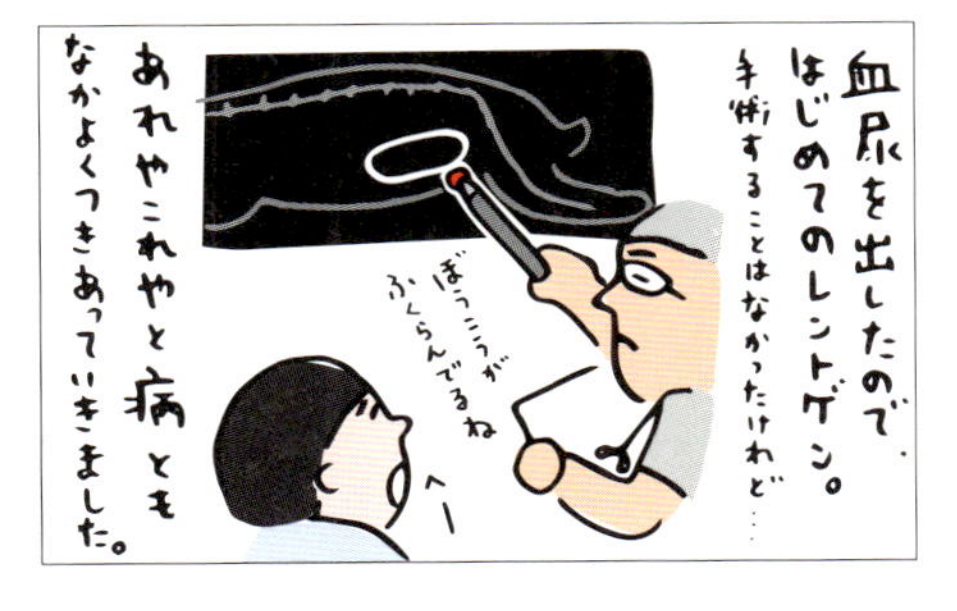

血尿を出したのではじめてのレントゲン。
手術することはなかったけれど…
ぼうこうがふくらんでるね
へー
あれやこれやと病ともなかよくつきあっていきました。

ホイップ
8歳

うちの子は自分のことを人間だと思っているにちがいないです(笑)(茨城県/I・Mさん)

いつもの暮らしに健康チェックを取り入れて

うさぎの様子を見守って毎日の健康チェックを

うさぎがお年寄りになったら、3カ月から半年に一度の定期健診とともに、毎日健康チェックをしておくと安心です。日常の一部として習慣づけていきたいですね。

いつもの行動パターンや仕草、性格、見た目やさわり心地を一番知っているのは飼い主です。飼い主だから見つけられる、小さな違和感や気づきが病気の発見につながることは珍しくありません。気になることは引き続き注目したり、動物病院に相談しましょう。

病気の発見にもつながる毎週・毎月の健康チェック

体重測定も健康チェックにおすすめです。1週間に一度おこなうと急な変化もわかって安心です。

年をとると筋肉と脂肪が落ちて、健康でも少しずつ体重が減っていきます。体重が急に変わったら、体に何かが起きた可能性があります。毎日計って一時的な変化かどうか確認しましょう。

また、1カ月から半年に一度、携帯電話などでうさぎを撮影しておくとゆるやかな変化にも気づきやすくなります。

毎日の健康チェック

フンとオシッコのチェック

フンがいびつになっていないか、軟便はあるか、量は少なくないか、大きさはどうかを確認。オシッコも量や色をチェック。

ボディーチェック

ナデナデしたりマッサージしながら、いつもと違うところはないかをチェック。くわしくは次のページにあります。

おしりまわりのチェック

フンやオシッコで汚れていたり、軟便がついていないか見ておきましょう。おしりまわりのチェック法はP122にあります。

食欲のチェック

ペレットや牧草をあげるときには、普段に比べて食いつき方はどうか見ておきましょう。食べ残しがあるかどうかも確認を。

月に一度のチェック

写真で記録

月初めなど日にちを決めておいて、定期的に写真を撮るようにします。過去の写真と見比べて、違ったところがないかチェックして。

写真を撮るポイント

- 歯
- 目
- おしりまわり
- 後ろ足の裏側

自撮り棒を使うとローアングルの接写も楽に撮れます。

週に一度のチェック

体重測定

急な増減がないか確認し、変化がありそうなときには毎日計りましょう。

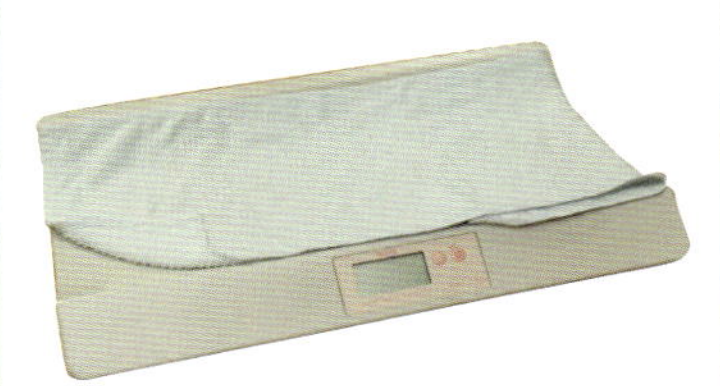

フラットで乗せやすい赤ちゃん用のベビースケールを使ってもいいでしょう。

毎日のボディーチェック

ー顔まわりー

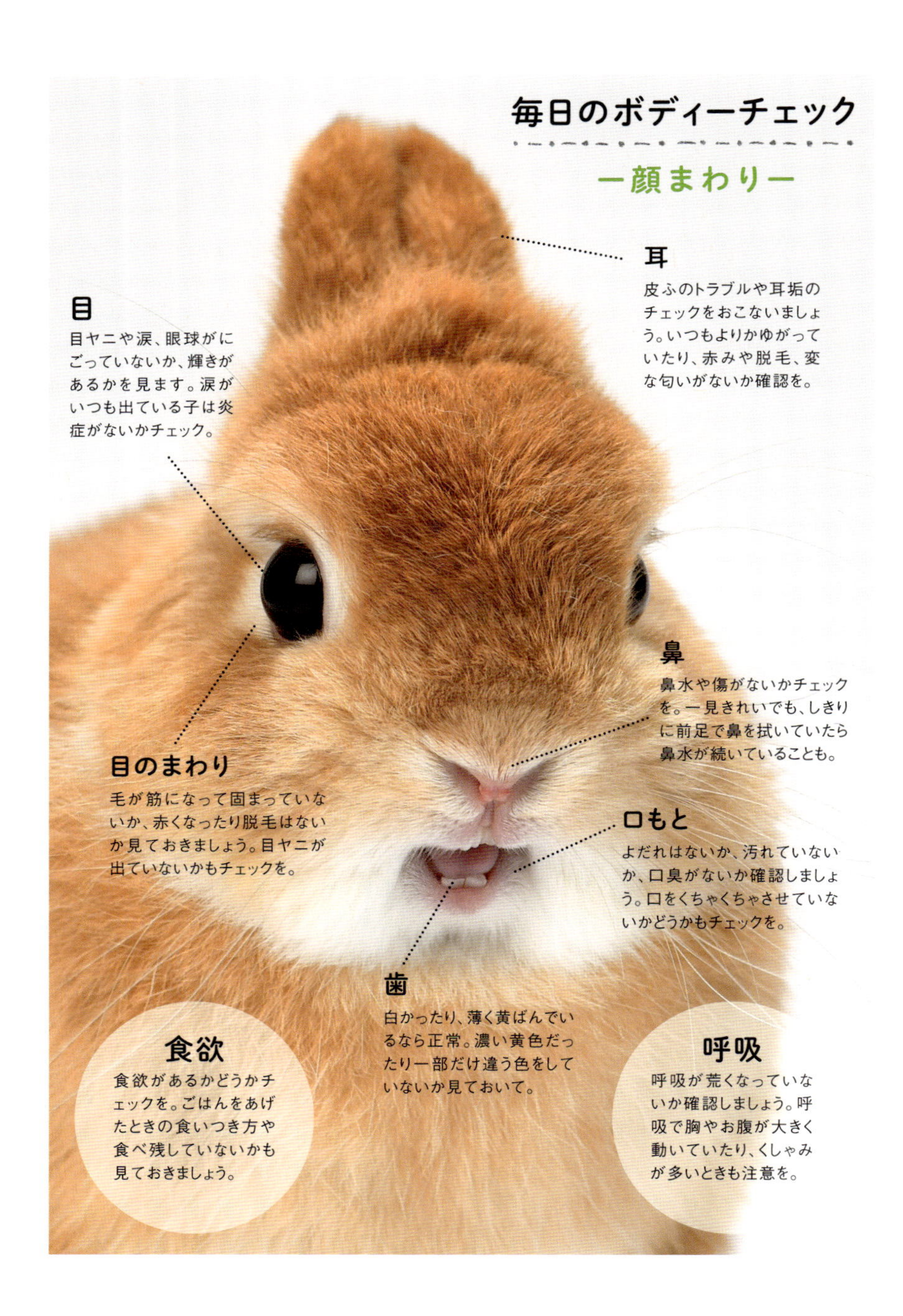

耳
皮ふのトラブルや耳垢のチェックをおこないましょう。いつもよりかゆがっていたり、赤みや脱毛、変な匂いがないか確認を。

目
目ヤニや涙、眼球がにごっていないか、輝きがあるかを見ます。涙がいつも出ている子は炎症がないかチェック。

鼻
鼻水や傷がないかチェックを。一見きれいでも、しきりに前足で鼻を拭いていたら鼻水が続いていることも。

目のまわり
毛が筋になって固まっていないか、赤くなったり脱毛はないか見ておきましょう。目ヤニが出ていないかもチェックを。

口もと
よだれはないか、汚れていないか、口臭がないか確認しましょう。口をくちゃくちゃさせていないかどうかもチェックを。

歯
白かったり、薄く黄ばんでいるなら正常。濃い黄色だったり一部だけ違う色をしていないか見ておいて。

食欲
食欲があるかどうかチェックを。ごはんをあげたときの食いつき方や食べ残していないかも見ておきましょう。

呼吸
呼吸が荒くなっていないか確認しましょう。呼吸で胸やお腹が大きく動いていたり、くしゃみが多いときも注意を。

ー全身ー

- □ しきりになめたり後ろ足でかいてばかりいないか
- □ さわるといつも以上にいやがらないか
- □ ずっと体を丸めてじっとしていないか

毛の状態

毛がもつれたり毛玉ができていたり、毛並みが衰えていないか確認を。急に状態が変わったら病気が隠れていることも。

おしりまわり

年を重ねるたびにフンやオシッコで汚れやすくなります。普段見落としがちなので、ボディーチェック時に確認を。

足

前足が汚れていたら鼻水が出ていることも。後ろ足はフンやオシッコで汚れていないか確認して清潔に。

ーフンやオシッコのチェックー

急にフンが小さくなったり、毛でつながっていたり、軟便が出ていないかを見ます。数まで数えなくてもいいですが、量も把握するようにしましょう。また、オシッコの量や色も観察します。チェックする時間帯を決めておくといいですね。

お年寄りうさぎに一番多いうっ滞などの消化器の病気

胃腸の動きが衰えがち。胃腸うっ滞に要注意

年をとったうさぎの病気に多いのが胃腸うっ滞です。胃腸うっ滞とは「胃腸の運動が衰えたり止まってしまう状態」です。

うさぎはほかの動物に比べて、生まれつき消化器のトラブルを起こしやすい体質をしています。お年寄りになるとさらに胃腸の動きが衰え、ストレスにも弱くなってうっ滞になりやすくなります。もちろん、なかには一生うっ滞にならないうさぎもいます。そんな子も、もしものときに備えて、毎日フンの状態や元気かどうかを確認しておきたいですね。

お腹にいい食べ物で消化器トラブルを予防

うっ滞を防ぐためには、牧草などの繊維質が多いものをあげて腸内環境を改善していきましょう。ペレットも繊維質が豊富なものを選んであげたいですね。また、乳酸菌や納豆菌などのサプリメントもある程度効果を期待できます。水分をあまりとらない子には、野菜で水分補給をさせておくと、腸のみずみずしさを維持できるようになります。

うっ滞予防のためにも、牧草は欠かせません。おいしく食べられるものを選んであげて。

こんな症状に注意して

フンの状態がおかしい

フンの形がいびつになる、量が減る、毛でつながっているなどの症状が見られます。軟便をしておしりまわりが汚れることも。

食欲がない

消化器官にトラブルが起きると食欲が落ちます。消化管の動きが止まると命が危険になるため、若い頃よりも早く病院へ。

じっと丸まって動かない

うっ滞でお腹にガスがたまると、お腹が痛くなってじっと丸まります。さわってもうずくまっていたりいやがったりします。

column

お年寄りうさぎのフン

うさぎは年とともに、フンの大きさがいびつになったりサイズにばらつきが出やすくなります。軟便が増える子もいることでしょう。老いを迎えると全身の神経がしっかりと働きにくくなり、腸の動きが衰えたり、腸全体がバランスよく動きにくくなるからです。お年寄りになってフンが不安定になると、健康チェックがしにくくなると感じる人もいることでしょう。昨日のフンと違うかどうかを確認するとわかりやすいですね。

健診と治療、ホームケアで目の病気を予防&サポート

気づかないうちに進みやすい目の病気

年をとって抵抗力が落ちてくると、命を守るために心臓や肝臓などの臓器にまっ先に栄養が運ばれるようになります。そのため、命に直接は関わらない目や皮ふなどにトラブルが起こりやすくなってきます。

目の病気は飼い主にも気づきにくいものです。片目の視力が落ちてももう一方の目でサポートできますし、うさぎは小さい痛みをがまんしてしまうからです。

目の病気が進行すると視力を失うこともあります。目の機能を維持できるように、定期健診には目の健診も加えたいですね。

病気や症状に合わせてホームケアも用意して

目の病気で視力が落ちてしまったら、動きやすいように段差を減らしたり、滑りにくい床材に替えてあげると安心です。

涙で汚れると炎症を起こしやすくなるので、洗って清潔に保つのも大切。マイボーム腺のつまりは42~43℃に温めた濡れタオルで1分間パックしてあげると、つまりが小さくなっていきます。

目のおもな病気

鼻涙管（びるいかん）のつまり

涙を目から鼻に流すための鼻涙管がつまります。症状が軽ければ、鼻涙管に洗浄液を通して洗うことで治せます。

マイボーム腺のつまり

マイボーム腺は涙に含まれる脂分が出る腺。この脂分がつまるとまぶたのふちや裏に白いブツブツができます。

白内障（はくないしょう）

目の中の水晶体が白くにごる病気。進行するとほぼもとには戻せません。早めの治療で進行をくい止めて。

角膜潰瘍（かくまくかいよう）

眼球の表面の角膜に潰瘍ができます。目ヤニ、赤み、腫れなどが起きます。進行すると角膜に穴があくことも。

こんな症状に注意して

まぶたのふちや裏に白いブツブツができる

マイボーム腺内の脂肪のかたまりや吹き出物の一種。かゆがることがあります。

目が血走る

目が傷ついて炎症を起こしている可能性があります。なかにはアレルギーの場合も。

目が白くにごる

白内障や角膜などに傷がつくと眼球が白くにごっていくことに。

目ヤニが増える

目や鼻涙管などに炎症が起きたり、アレルギーなどが原因で目ヤニが増えます。

目をつぶってばかりいる

眠いのではなく目が痛くて開けられないために目を閉じることがあります。

涙が出続ける

涙が目の際や目のまわりについて、毛が固まったり筋ができたりします。

手術のリスクも考える腫瘍や膿瘍の治療

年々高くなっていく腫瘍の発生率

腫瘍(しゅよう)は年齢が上がると起こりやすくなっていきます。オスによく見られるのが精巣腫瘍で、メスの場合は子宮腫瘍です。まだ避妊・去勢手術を受けていない場合は、何歳になっても病院と相談して検討してみる価値はあります。そのほか、皮ふや骨の腫瘍も年々発生しやすくなります。

腫瘍が見つかると、お世話の仕方が悪かったのではないかと思う人もいることでしょう。でも飼い方が原因で腫瘍になることはありません。たまたま起こるものですし、初期の腫瘍には痛みもありません。自分を責めないで、できる治療を考えていきましょう。

手術をするか迷ったら複数の専門家に相談を

腫瘍は手術で取って治します。お年寄りになると若い頃よりも麻酔のリスクが高くなるため、手術を迷う人もいることでしょう。

年齢が7~8歳くらいなら、腫瘍の手術を受けるうさぎはたくさんいます。12~13歳の超高齢になっても、毛づやがあり自分で元気に動き回れる子であれば、手術

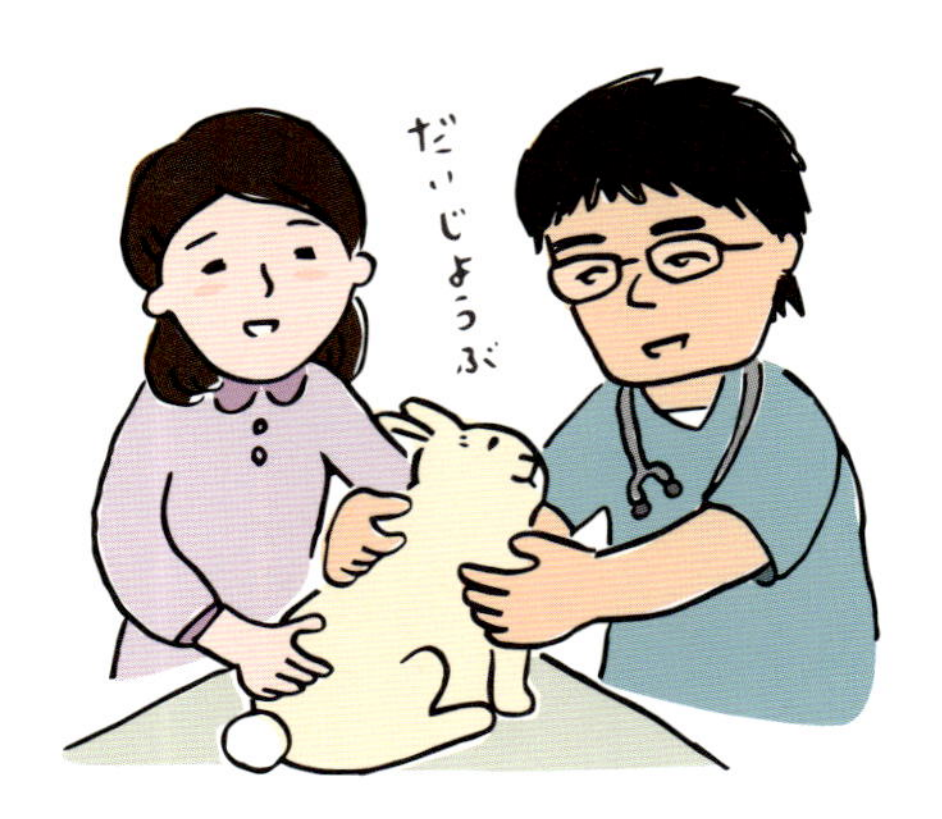

腫瘍ができても自分を責めないで。お年寄りうさぎでも治療の選択肢はあります。

を受けるという選択肢もあるでしょう。

手術を受けないとすると、様子を見守ることになります。初期の腫瘍は痛みはないものの、できた場所によってはやがて炎症を起こしたり、骨が破壊されたり、神経が圧迫されることがあります。

手術を受けるかどうか迷ったら、ほかの動物病院でセカンドオピニオンやサードオピニオンを取ってはいかがでしょう。いろいろな先生の意見を聞いて納得のできる方法を選びたいですね。

ソアホックや床ずれは悪化すると膿瘍に

腫瘍のようにしこりができる病気のひとつに膿瘍（のうよう）があります。膿瘍は膿の入った袋が体の中にできる病気です。

お年寄りうさぎの膿瘍に多いのが、足の裏のソアホックが悪化して細菌感染を起こしてできる膿瘍です。寝たきりでできた床ずれが膿瘍になることもあります。足裏全体に体重がかかりやすくなるように、床材をやわらかく少し凹凸があるものに替えて、薬や手術で治していきましょう。

なお、うさぎの膿瘍としては歯の根にできる根尖（こんせん）膿瘍がよく知られていますが、これは5～8歳頃のうさぎに多い病気。それよりも高齢のうさぎにはそれほど見られません。お年寄りうさぎには病気を乗り越えてきた比較的健康な子が多く、たいていは歯の状態も落ち着いているからのようです。

column

腫瘍を検査するということ

腫瘍も膿瘍も、しこりが見つかって発見されることがほとんどです。顔から足裏まで、いろいろなところにしこりはできます。リンパ節の腫れや脂肪からしこりができることも。

しこりは病院で検査をしてもらうことで、初めてその正体がわかります。検査と聞いて心配する人もいるかもしれませんが、切除しなくてもいいような良性腫瘍であることも。検査費用はかかりますが、原因がわかれば適切な処置ができるのでできるだけ検査を受けておきましょう。

心臓病は早めの発見で症状の進行を抑えて

年をとると心疾患になりやすくなります

心疾患は若いうさぎにはあまり多くありませんが、高齢になるにつれてだんだん発症しやすくなっていきます。心臓は命に関わる大切な臓器ですから、長生きできるようぜひ早めに発見したいですね。悪化する前なら薬で進行を抑えることができます。

心エコー検査は心疾患が疑われてから

心疾患は、レントゲンや心エコー検査（超音波検査）で実際に心臓の動きや大きさなどを調べて初めてわかる病気です。

心エコー検査はまとまった時間、医療スタッフが保定しながらおこなうため、うさぎが強いストレスを受けたり、骨折をすることもあります。

とはいえ、心エコー検査はいきなりおこなうものではありません。まずは全身の状態を診て、必要に応じてレントゲンを撮ることになります。心臓に水がたまっている、心拍数が早いなどの症状があり、「心疾患の可能性がある」と判断されてから、心エコー検査がおこなわれます。

心臓のおもな病気

弁膜症（べんまくしょう）

血液がスムーズに流れるように、心臓の中では弁という膜が開閉しています。この弁が機能しにくくなって血流が悪化します。

心嚢水（しんのうすい）

心臓と心臓を覆う薄い膜との間にある心膜液という水が増えてたまっていき、心臓を少しずつ圧迫します。

心肥大（しんひだい）

心臓のサイズが大きくなっていきます。そのため気道が狭くなったり、食欲が落ちていきます。高血圧で目が飛び出ることも。

こんな症状に注意して

目が飛び出てくる

心臓の機能が衰えたり、血液の流れが滞るなどの原因から高血圧になります。そのため、眼球が押されて飛び出すことがあります。

息苦しくてフゴフゴいう

心臓肥大が起こると肺が押されて息がしづらくなり、フゴフゴなど音を立てて息をすることがあります。

息苦しくて食べなくなる

心臓が大きくなると肺が圧迫され、息苦しくなります。体調が悪いうえに食べると呼吸しづらくなるので食欲が落ちます。

心臓の鼓動が早い

心臓がうまく働かなくなると、血液の流れがスムーズにいかなくなっていきます。全身に血液を届けるために、じっとしていても心臓の鼓動が早くなるようになります。

うとうとと寝てばかりいる

心疾患が進むにつれて心臓の負担は大きくなっていきます。それとともに疲れやすくなり、うとうとと寝るようになります。

スナッフルから始まる呼吸器トラブル

くしゃみや鼻水が続きやすくなります

お年寄りうさぎはしばしば、くしゃみをしたり鼻水が出る「スナッフル」を起こします。スナッフルは呼吸器のトラブルによく見られる症状です。

お年寄りになると免疫力が落ちて、軽い炎症も治りにくくなります。牧草の粉が少し鼻に入っても炎症を起こすことがあります。若い頃はスナッフルが見られてもすぐに治っていたかもしれませんが、お年寄りうさぎになるほど用心してあげたいですね。

早めの治療で全身疾患からガード

うさぎはパスツレラ菌という菌をもっていることが多く、年とともに抵抗力が落ちるとパスツレラ感染症を起こしやすくなります。最初はスナッフルしか見られなくても、進行すると肺炎や呼吸困難を引き起こすことも。サラサラした鼻水がねばついてきたら、すぐ病院に連れていきましょう。

また、鼻まわりはきれいでも、前足で拭き取っているかもしれません。前足が鼻水で汚れていないか毎日チェックしたいですね。

風通しがよく衛生的な環境が、スナッフルの予防になります。気持ちよく深呼吸できる住まいに。

こんな症状に注意して

何度も顔を洗っている

鼻水がたくさん出るため、顔を何度も洗うようになります。

くしゃみをする

何度もくり返しくしゃみをします。

目が涙がちになる

鼻水が出続けると、鼻涙管がつまって涙目になります。

鼻水が出る

始めはサラサラですが、悪化するとねばり気をおびます。

前足が鼻水で汚れている

鼻水が出ると前足でぬぐってきれいにするため、前足が汚れていきます。

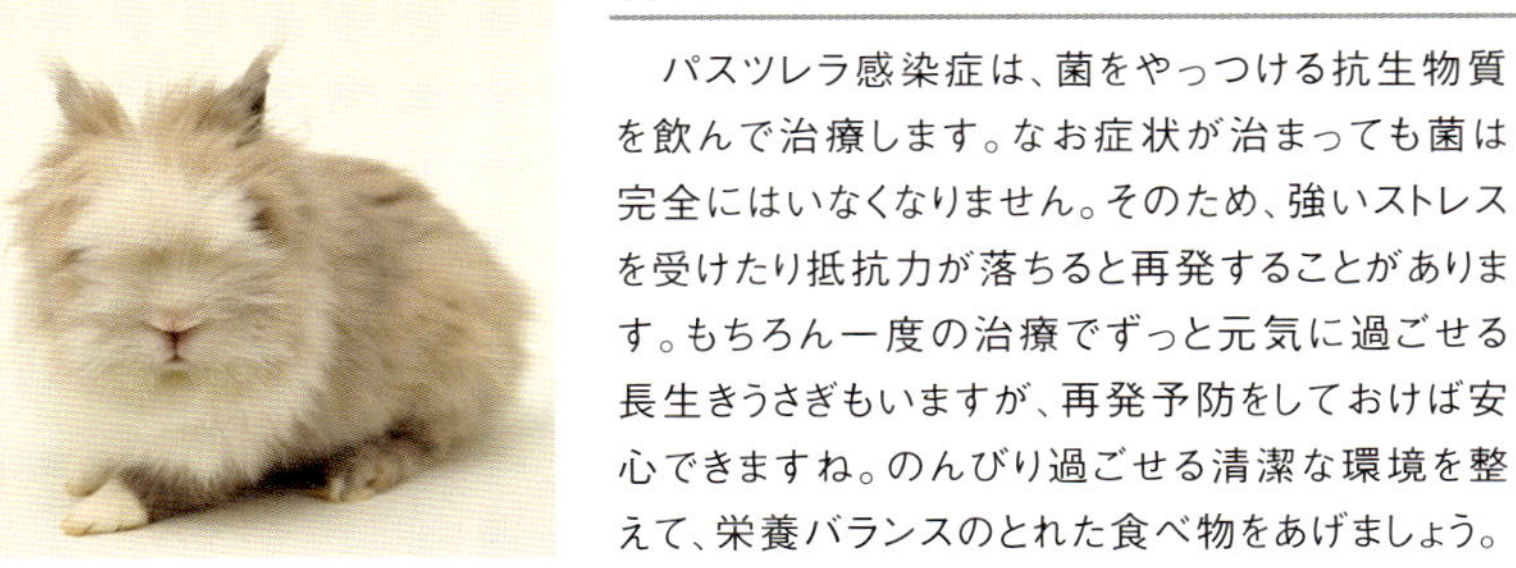

再発することも考えて

パスツレラ感染症は、菌をやっつける抗生物質を飲んで治療します。なお症状が治まっても菌は完全にはいなくなりません。そのため、強いストレスを受けたり抵抗力が落ちると再発することがあります。もちろん一度の治療でずっと元気に過ごせる長生きうさぎもいますが、再発予防をしておけば安心できますね。のんびり過ごせる清潔な環境を整えて、栄養バランスのとれた食べ物をあげましょう。

見過ごしがちな腎不全 血液検査で早期発見を

いつの間にか腎不全になっていることも

腎臓は老廃物を体外に追い出したり、体内の水分量を調節したり、ホルモンを分泌する臓器です。

どんなうさぎも年をとるにつれて腎臓への負担が積み重なっていきます。やがて腎不全になるうさぎもいることでしょう。

腎不全になりたての頃は、うさぎはまだまだ元気です。進行をしていくとオシッコの量が増減したり、下痢やむくみ、心臓病や尿毒症なども見られるようになります。

腎不全は完治できない病気ですが、治療で進行を抑えることはできます。病院で定期的な検査を受けて、悪化する前に見つけてあげたいですね。

定期的な血液検査で早期発見・早期予防

腎不全の症状は、食欲がなくなったり痩せたり元気がなくなるなど、ほかの病気でも見られるものがほとんどです。血液検査を受けて初めて腎不全だとわかります。

うさぎに老いを感じるようになったら、3カ月～半年ごとに血液検査を受けるようにすると、早期発見につながります。

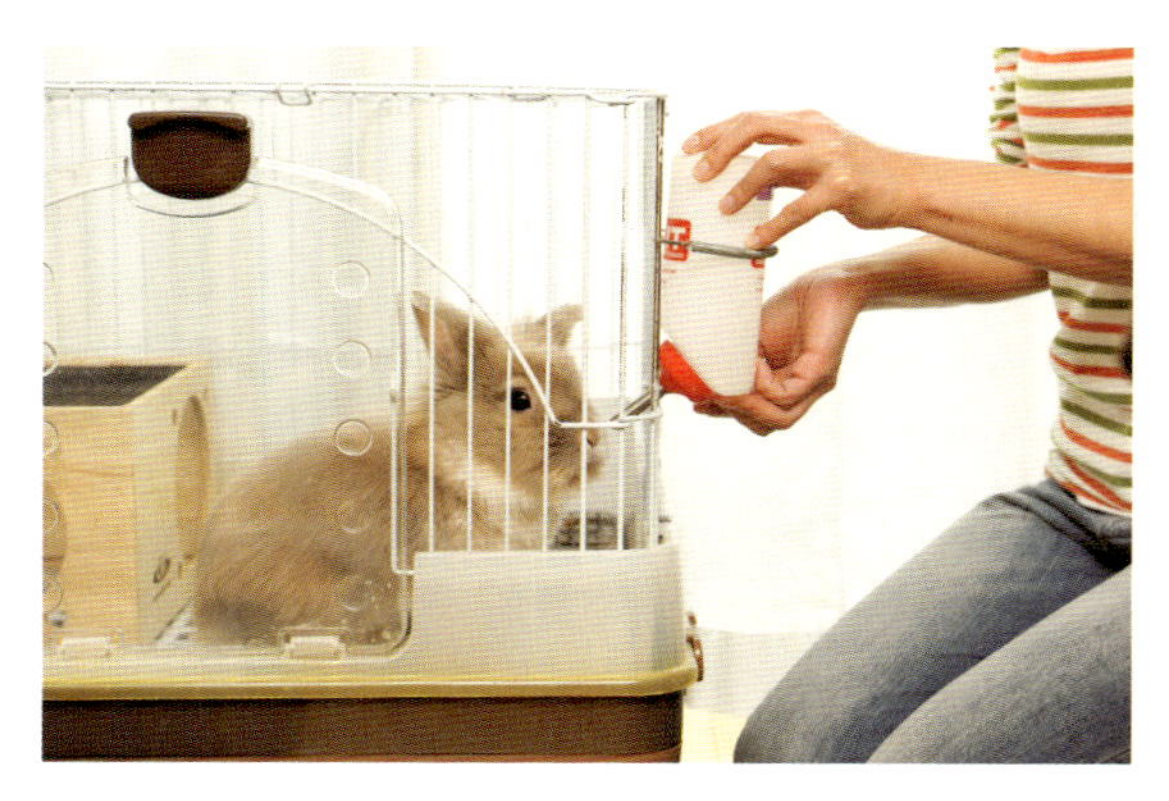

オシッコの量やお水の量をチェックすることも、大切な日課です。

こんな症状に注意して

オシッコの量が増える

老廃物がオシッコに出にくくなり、体にたまった老廃物を出そうとしてオシッコの量が増えます。

食欲が落ちる

腎不全になると老廃物をオシッコで出せなくなります。そのため体調が悪化し、食欲がなくなって痩せてきます。

下痢

体調を崩した状態で水をたくさん飲むため、消化器官にも影響して下痢になりやすくなります。

水をたくさん飲みたがる

オシッコをたくさん出すため、全身の水分が足りなくなって喉が渇きやすくなり、たくさん水を飲みたがります。

column

肝不全にもご用心

肝不全は腎不全よりはかかりにくいものの、やはりお年寄りになると増えてきます。肝臓は胆汁を分泌したり、栄養素やホルモンをつかさどったり、免疫に関わるなどさまざまな働きをする大切な臓器。初期段階ではほとんど症状がありませんが、進行するとつらい思いをすることになります。悪化する前に見つけられるように、腎不全とともに定期的な血液検査と健診でチェックしたいですね。

関節や腰の痛みは見逃さないで元気度アップ

元気に遊ばなくなったらレントゲン撮影を

うさぎは人間と同じように、年々体の柔軟性が失われていって関節や腰などを傷めやすくなります。年をとるとよく寝たり転びやすくなることがありますが、老いだけが原因なのではなく、関節や腰にトラブルを抱えて動きたがらないうさぎもいることでしょう。

なかなか気づけない腰や関節のトラブルもレントゲン写真で原因がわかることも。年とともに動きたがらなくなったら病院でレントゲンを撮ってもらうと安心です。

強く蹴りすぎると腰や関節にくることも

勢いよく蹴るだけで、腰や関節を傷めることもあります。特にパニック状態になると、無理な動きをして傷めやすくなります。投薬や抱っこのときには暴れないようにしっかりと保定しましょう。

転んだり足が滑って不自然な姿勢をとっても、腰や関節に負担をかけることがあります。床材を滑りにくく動きやすいものに替えると予防につながります。適度な運動をして、筋力を維持するのもおすすめです。

column

トラブルの予防とホームケア

年をとると筋力は自然と落ちていきます。できるだけ筋力を維持できるように、へやんぽ時間はしっかりとって、運動しやすい環境を整えましょう。

関節や腰を傷めたら、温かい手でそっとやさしくなでるとうさぎも落ち着くことでしょう。強く押しつけないで、軽くなでる程度で十分です。濡れタオルを電子レンジで1分～1分半温め、ビニール袋に入れて患部を温めるのもいいですね。

こんな症状に注意して

のそっと歩く

足や腰が痛むようになると、痛みをできるだけ抑えようとして用心しながら歩くようになります。そのため歩き方はゆっくりになります。

体が前のめりに

首や背骨などが痛むようになると、痛むところをカバーするために前足に力を入れて、体が前のめりになりやすくなります。

動きが鈍くなる

腰や関節が痛くて動きたくない、関節が固くなって動きづらい、筋力が落ちてスピードが出ないなどの理由が考えられます。

食べるとき以外動かない

動くたびに関節や背骨などが痛むようになると、できるだけ動かないようになります。そのため、食事のとき以外は寝てばかりになることも。

食フンや毛づくろいをしない

腰や関節に痛みがあるため、食フンや毛づくろいをしなくなってしまう場合もあります。盲腸便を食べているか、毛づやが悪くなっていないかチェックを。

足の裏を痛がったら早めにソアホック対策を

薄毛・赤みだけではソアホックではありません

後ろ足の裏は見やすいだけに気になるものですね。お年寄りになると健康なうさぎでも、足の裏の毛が薄くなったり赤くなったりしやすくなります。少し赤いだけでさわっても痛がらなければ大丈夫です。

うれしいことにソアホックになるうさぎは年々減っています。これは動物医療が進んだことと、足に負担をかけにくい飼い方が広まったから。それでも若い頃よりはかかりやすいので、普段から足裏の状態を気にしてあげたいですね。

お年寄りでも軽度なら2〜4週間で完治

ソアホックの原因のひとつは、「運動しなくなり、足裏のかかとのあたりに重心がかかること」です。お年寄りうさぎの場合、変形性脊椎（せきつい）症がよく原因となります。変形性脊椎症とは年をとると起こりやすい、骨の間隔がせばまって背骨の一部が変形していく病気。重心が変わって、かかとに集中して体重がかかることもあります。

また、変形性脊椎症になると体をかがめにくくなるため、食フンや毛づくろいがしにくくなりま

足裏にやさしい住まいづくり

ソアホックを予防するためにも、衛生的な住まいとうさぎの足にやさしい床材の見直しが大切になってきます。わらマットや布製の防水マットなど、クッション性があって適度な凸凹のある床にしておくと、足裏へのあたりがやわらぎます。マット類は汚れたら取り替えるようにして、うさぎの足をいつも清潔に保ってあげましょう。

なお、爪の伸びすぎも重心が偏る原因になるのでご注意を。

す。足裏が汚れたままになると、かすり傷が細菌感染を起こしてソアホックになることも。とはいえ、軽度のソアホックなら2~4週で治ることが多いので、早めに治療してもらいましょう。

もともとソアホックになりやすいタイプも

ソアホックになりやすい品種や体格もあります。ミニレッキスやレッキスは毛が細く足裏の毛がまだらで、もともとソアホックになりやすい品種。体重5kg以上の大型うさぎもソアホックの発症率は高めです。また、アンゴラ種の毛を切るときに足まわりまでカットすると、ソアホックを起こしやすくなります。

こんな症状に注意して

足裏が汚れている

毛づくろいが減ったり盲腸便をよく踏むようになると、足の裏がフンやオシッコで汚れ、小さな傷から細菌が入りこんで炎症を引き起こすことがあります。

足の裏が赤くさわると痛がる

足の裏が薄毛になったり赤いだけならいいのですが、さわると痛がったらソアホックによる炎症が起こっている可能性があります。

動きたがらない

ソアホックになると足の裏に炎症が起き、痛くて動きたがらなくなります。つま先で歩くこともあります。悪化すると細菌感染などを引き起こしたり、関節にまで炎症がおよぶおそれも。

診断はできないけれど認知症になる可能性も

お年寄りうさぎに見られる認知症のような症状

うさぎが年をとると、健康なのに様子がおかしいと飼い主や獣医師が気づくことがあります。

人間の認知症では脳の機能が低下して記憶や判断力などの障害が起こります。動物の認知症はまだ定義づけられていませんが、同じ症状を「認知症」と考えると、認知症になる可能性はあります。

認知症では一時的に記憶があいまいになるのではなく、忘れっぷりがどんどん進みます。名前を呼ばれてもボーッとしている、親しい人に反応しないなど、違和感のある行動が増えてきたら、認知症が原因とも考えられます。

まずは健康状態を確認しておきましょう

気をつけたいのが、「認知症と決めつけないで健康状態を確認する」ということ。病気で行動が変わったり、耳や目が悪くなって反応しないこともあるからです。

認知症になるとイライラしやすくなるという説もあります。健康でも違和感のある行動が続くときには、リラックスして過ごせるようにしてあげたいですね。

年をとるといろいろなことが起こるのは、うさぎも人間も一緒です。

認知症で起こりうること

トイレの場所を忘れる

トイレがわからなくなり、うろうろしてそのままオシッコしてしまうことも。

食べたことを忘れて要求し続ける

少し前に食べたのに、食事を何度も催促したり、飢えたように激しく食べます。

うろうろする

ケージから出すと同じ場所を意味もなく、うろうろすることがあります。

狭い場所に入りこむ

隙間に入りこみ、うしろに下がれなくなって動けなくなることがあります。

表情にメリハリがなくなる

声をかけても気づかない、表情が乏しくなるといった変化が起きます。

急に怒る

急に激しく足ダンをしたり、イライラして食器をかじる、放り投げるなどの行動をします。

攻撃的になる

飼い主に噛みついたり追いかけ回します。

不安そうにしている

物音や気配に驚いたり、ケージから出すとすぐに帰りたがるか身を隠すようになります。

よく遠くを見つめている

宙を見つめたままでじっと動かなくなることがあります。

寝てばかりいる

起きていてもぼんやりしていたり、寝ていることが増えていきます。

歯や耳、皮ふのトラブルも見逃さないで

気をつけてあげたいお年寄りの不調

うさぎも年をとるといろいろな病気にかかりやすくなっていきます。初めてかかる病気もあれば、若い頃から発症しやすかった病気をたびたびくり返すようになることもあります。

たとえば、もともと不正咬合だったり不正咬合の傾向があると、年とともに悪化することがあります。けれども歯の成長は年とともにゆっくりになるので、歯をカットするタイミングはだんだん減っていきます。

年をとると増える皮ふのトラブルもあります。不正咬合でよだれが出たり、涙が止まらなくなったり、オシッコでおしりや足裏がいつも濡れているようになると、細菌が繁殖して皮ふに炎症が起こり、湿性皮ふ炎になります。また、寝たきりの子には床ずれもよく見られます。

年とともに耳も遠くなります。何度声をかけても反応しないのにさわられると驚くとしたら、耳が遠くなった可能性があります。うさぎを驚かせないように、声をかけたりふれるときにはなるべく正面から接してあげたいですね。

皮ふのトラブル

湿性皮ふ炎

もともとは皮ふが不衛生になると起こりやすくなる病気。オシッコで汚れにくいように床材を見直したり、皮ふを清潔にして症状を抑えましょう。

床ずれ

寝たきりになって体が汚れていたり、いつも同じ場所に体の重みがかかるようになると、床ずれが起こります。体を清潔にして寝ている姿勢を変えたり、マットやクッションを工夫してみましょう。

耳のトラブル

外耳炎・中耳炎・内耳炎

外耳炎になると、耳を何度もかゆがったり、耳から匂いがしたり、耳の中に赤みが見えたりします。外耳炎が中耳炎や内耳炎を引き起こすこともあります。

耳垢のつまり

年とともに毛づくろいが減ってくると、耳垢もたまりやすくなってきます。特にロップイヤーは耳の中が汚れやすくなるので動物病院でケアを受けましょう。

歯のトラブル

歯の抜け

歯の根やその周辺に膿瘍が起こる根尖膿瘍などが原因で、歯が抜けることがあります。若い頃から歯をカットしてきたために歯根に負担がかかって抜けることも。

歯の変色

うっすら黄色いだけなら老化ですが、歯の神経がダメージを受けるなどの異常が起こるとはっきりとした黄色に変わっていきます。

不正咬合

ペレット中心の食生活では歯ですりつぶさずに噛み砕いて食べるようになり、不正咬合になりやすくなります。予防のためには牧草中心の食事を心がけて。

Q

最近うさぎが病気がち。
お世話が足りなかったからでしょうか？

A

うさぎの病気にはいろいろな理由がからみあっています。体が強ければ病気になりにくいでしょうし、ストレスに弱くて病気がちなことも。通常のお世話をしているなら気にしなくても大丈夫ですよ。

Q

体調は悪くないのに
牧草を食べたがらなくなって心配……。

A

体調不良や歯のトラブルのほか、食べ物の好みが変わって今までの牧草を食べたがらなくなることも。病院でも問題が見つからなければ、いろいろ牧草をあげて、食べられるものを探してみて。

Q

セカンドオピニオンを受けても
いつもの病院で怒られない？

A

セカンドオピニオンとは、納得のいく治療を選ぶために、かかりつけの先生とは違う人に意見を聞くことです。いつもの先生にダメ出しをするわけではないので安心して。できればいつもの病院で紹介状を書いてもらうといいですね。

Q

うさぎの視力が落ちたら治せますか？

A

一度視力が落ちてしまったら、たいていの場合は再びもとの視力に戻すことはできません。目の病気は進行をくい止めることが大切。病気に合わせて投薬しながら、今の視力を維持していきましょう。

Q

だんだん体重が軽くなってきました。病気でしょうか？

A

短期間で体重が減ったり増えたりしたら、病気の可能性があります。けれども、お年寄りうさぎは年々筋肉量が少なくなっていき、体重が減っていくものです。1週間に一度体重測定をして急な変化かどうか確認しましょう。

Q

血液検査でどんなことがわかりますか？

A

血液検査では、外から見てもわからない内臓や栄養、血液などの状態がわかります。心疾患や腎不全など、血液検査をしないとわからない病気もあるので、できれば定期的に受けておくと安心です。

投薬はコツをつかんでストレスを最小限に

うさぎの体を守って安全に投薬を

動物病院でうさぎに処方してもらう薬には、いくつかの種類と投薬方法があります。口から飲ませる粉や液体の薬、点眼する目薬、鼻に入れる点鼻薬、皮ふに塗る塗り薬などです。

投薬のさいに気をつけたいのがケガをさせないということ。うさぎはもともと骨が軽くてもろいのですが、年をとるにつれてさらに骨は弱くなっていきます。そのため、投薬中に無理やり押さえつけられたり暴れただけで、骨折や脱臼をすることもあります。

うさぎがおとなしく投薬させてくれないときや投薬に慣れないうちは、抱っこする人と薬をあげる人のふたりがかりでおこなうのもいいですね。うさぎが暴れてしまうなら、バスタオルなどの大きな布で全身を包んで動きがとれないようにすると安心です。また、床や低い椅子に座って投薬すると、うさぎが逃げ出してしまってもケガをすることはないはず。

最初は慣れない投薬でも、経験を積むことでコツがつかめ、スムーズにおこなうことができるでしょう。

自分から薬を飲んでくれるのが一番です。若い頃からシリンジに慣れさせておくと、うさぎがとまどいません。

家庭でおこなう投薬

好物に混ぜて与える

大好きな食べ物や飲み物に混ぜたり挟んで与えます。うさぎに気づかれると飲んでくれないことも。うさぎがちゃんと口にしたかどうか確認を。

シリンジで飲ませる

液体の薬はそのまま、粉薬は水で溶かしてからシリンジで吸い上げ、前歯の脇から差しこんで飲ませましょう。うさぎが飲むペースでゆっくり流し入れて。

大きな布で包む

暴れやすい子はバスタオルなどの大きな布で全身を包んで、動けないようにすると安心です。包んだうさぎを足の間にそっとはさむと、両手が使えるように。

目薬をさす

うさぎが伸びたり丸くなっているときにそっと体を支え、まぶたを上に引き上げてから目薬をさしましょう。うさぎに見えにくい頭側から目薬を近づけて。

投薬を続けるための工夫

毎日投薬を続けていくのはたいへんなものです。忙しいとついあげ忘れたり、あげる時間がとれないこともあるかもしれません。一緒に暮らしている家族がいる場合は、ぜひ家族にも投薬を手伝ってもらいましょう。投薬時間を逃さないように携帯やウェブカレンダーなどのアラームを使うのも便利です。また、あげるのが遅れたときのために、次の投薬までは何時間置けばいいか、動物病院で確認しておきたいですね。

うさぎの読み物

自分の老いじたく

大野瑞絵

あまり考えたくないことのひとつに、うさぎの年齢の分だけ自分も年を重ねているという現実があります。「老い」とはいわないまでも年齢を重ねたゆえに体調が悪いことが多くなったり、病気になることはあるでしょう。

そんなときはうさぎの介護をするのもしんどいかもしれません。気持ちも落ちこんでいると、逆にうさぎに心配されてしまいます。無理してがんばり、飼い主が寝こんでしまってはたいへんです。

うさぎが生きていくために頼るのは飼い主です。「うさぎのためなら自分の健康なんて二の次」などと思わずに、自分の健康管理も心がけましょう。

急な入院などの避けられない事情で、うさぎの介護ができない状況になることも考えられます。何かあったときにあずけられる先を確保しておくのもいいでしょう。飼育記録をつけるなど、うさぎの情報をまとめたノートを作っておけば、急きょ誰かにうさぎを託さねばならないときに役立つでしょう。

最後に、犬や猫の飼い主の高齢化で注目されている「ペット信託」をご紹介します。ペット信託とは、自分が死亡してペットの世話ができなくなったときのために、世話をしてくれる人を受託人と定めて、生涯の飼育費用を信託財産として託すというものです。遺言状に書き残す場合と違って、きちんと飼育しているかを確認する信託管理人が置かれるというしくみです。

CHAPTER

3

感謝の気持ちを伝えよう「うさぎの感謝状」

人の思いに寄り添い力づける感謝状の力

お話してくれた人／**兵藤哲夫先生**

兵藤哲夫先生
兵藤動物病院元院長。著書『動物病院119番』（文春新書）で初めて「動物への感謝状」を提案。現在はヒョウドウアニマルケア代表として人と動物の共生や福祉のために活動中。

うさぎは人を癒やす自然の一部です

今までいろいろな動物たちを診察し一緒に暮らしてきて、たくさんのことを教えられてきました。うさぎをはじめとする動物たちは、人間社会から離れた自然の一部です。だから動物と向き合うだけで、誰もが普段の肩書きや名声から離れることができます。ある人は無邪気に動物と遊ぶでしょうし、ある人は静かに動物とふれあうことでしょう。

動物の前では誰もが人間社会にいるときのように身がまえたり格好つけることなく、ありのままの自分に帰っていくのです。

うさぎの老いを受け入れるきっかけに

私たちもうさぎも、生きているものはいつか必ず死んでしまいます。これは誰も逆らうことができない自然の摂理です。元気に毎日を過ごしていても、いつかは老いて最期の日を迎えます。

うさぎは明日のことを考えたりしませんから、年をとっても淡々と毎日を過ごしていきます。でも、飼い主さんのなかにはお別れの日が近づくように思えて、うさぎの老いを受け入れられない方もいるかもしれません。

感謝状はそんな気持ちをやわらげてくれます。今までの思い出や気持ちを文章にすることで、「長い間ありがとう」と思えるようになります。それは、うさぎの老いを受け入れるきっかけにつながることでしょう。

うさぎの感謝状の書き方

文章を書くのが苦手な人でも、簡単に書ける方法があります。下の手順に沿って、あなたの感謝状を完成させましょう。

感謝状　うーちゃん殿
あなたはそのかわいさで
いつも私を癒やし
元気づけてくれます
あなたと暮らして
朝起きるのが
楽しみになりました
いつもありがとう
ここに感謝状を贈ります
二〇一八年　六月二十日
うーのママ

1 うさぎ
うさぎは今（かつて）どうでしたか？

2 あなた
うさぎによってどんなふうに幸せになりましたか？

3 感謝のことば
「よって○○ちゃんに感謝します」などといった結びの言葉。

4 日付
入れなくてもかまいませんが、入れておくといつの思い出かわかるようになります。

感謝状になって残るかけがえのない思い

私は今まで、たくさんの感謝状を読んできました。どの感謝状にも飼い主さんの愛情がたくさんこもっていて、気持ちが温かくなったり泣けてしまうことさえありました。飼い主さんがうさぎに感謝

しているのはもちろん、こんなに愛情に包まれて暮らしてきたうさぎたちも、飼い主さんやご家族へ感謝の気持ちを抱いていたことと思います。

感謝状は飼い主さんとうさぎだけでなく、読んだ人の心にまで訴えかける力を持っています。

ペットロスの悲しみを言葉の力で昇華する

一緒に暮らした動物が亡くなると、ペットロスになる方がたくさんいます。感謝状はペットロスを防ぐ武器にもなります。うさぎとの思い出を振り返りながら書くことで、悲しみだけでなく喜びや幸せも蘇ってくるからです。

感謝状とあわせて、離れて暮らす家族や親しい友人に訃報を出してはどうでしょうか。うさぎの訃報を通して家族や友人が集まり、コミュニケーションを交わすことで、つらい心はますます救われていくことでしょう。

ひとりひとりの異なる大切な思いを乗せて

感謝状にはひとつとして同じものはありません。飼い主さんとうさぎの生活や思い、喜びはそれぞれ違ってそれぞれに貴重なものだからです。なかにはご家族で感謝状を書いた方もいました。話し合いながら書けば、きっとご家族がひとつになるすばらしい体験となることでしょう。

この本をきっかけに、新しい感謝状が生まれることを楽しみにしています。

感謝状の字数は150字くらいが目安。意外とこれくらいの文字数が、思いを書きやすかったりします。

うさぎの感謝状は思いと共感のつまった宝物

お話してくれた人／うさぎのしっぽ　町田修さん

飼い主のために始まった「うさぎの感謝状」

僕が初めて感謝状を知ったのは、兵藤哲夫先生の本『動物病院119番』を通してでした。うちの店では飼い主さんから「うさぎが亡くなった」とお知らせいただくことがよくあって、その悲しみの深さにふれてきました。兵藤先生の本を読んだときに、感謝状はそのペットロスをくい止める手がかりになる、と感じたんです。うさぎが生きているうちに感謝状を書けば、楽しかったこと、幸せな記憶を思い出してお別れを「生前に準備する」ことができるようになるんじゃないか——。そんな思いから、僕は「うさぎの感謝状」をみなさんにおすすめするようになりました。

素直な思いを書くことで一生の心の支えに

僕も自分のうさぎに向けて感謝状を書いたことがあります。レポート用紙に書いたその感謝状は今でもクリアファイルに入れて大切に保管していて、ときどき取り出しては読み返しています。僕の心の支えのひとつです。

うさぎへの思いは時間がたつにつれて忘れてしまいます。でも文字で表しておけば、永遠のものにできるんです。うさぎを通して自分の人生や過去を振り返ることもできるし、うさぎと一緒に暮らしたことを、「よかったこと」と思えるようになります。

うさぎと一緒に暮らすことはとても幸せな体験です。でもお別れがつらいあまりに「うさぎがいつ

町田修さん
うさぎ専門店「うさぎのしっぽ」代表。飼い主とうさぎの生活がより快適に楽しくなるライフスタイルを提案し続けている。著書に『新　うさぎの品種大図鑑』(誠文堂新光社)など。

か死ぬ」ということを拒否してしまうと、うさぎとの生活までが「つらく悲しいこと」になって、一生うさぎといられなくなってしまいます。感謝状はいつか訪れるうさぎの死を受け入れて、再びうさぎと暮らすための準備をさせてくれる。そうやって悲しみを昇華させながらうさぎとずっと過ごすことで、人生もいっそう味わい深いものにしていけると思うんです。

思いついたことをすっと気軽に書いてみて

感謝状は短くてもいいと思います。思いついたことをすっと簡単に書いた方が、素直な思いが伝わるからです。

1回書いて終わりにするんじゃなく、うさぎの誕生日や新年などがくるたびに書くのもおすすめです。たくさんの感謝状を通してそのときのうさぎとの生活や気持ちを思い出せるようになります。感謝状を書くためのノートを用意しても、読み返しやすくなっていいですよ。

感謝状を見て書いて共感と感謝の輪を広げよう

うさぎのしっぽで毎秋に開催している「うさフェスタ」では、みなさんから寄せていただいた感謝状をたくさん展示しています。展示された感謝状を見てもらうことで、うさ友さんからは「わかるよ」と共感してもらえます。読む人にとってもいろんな飼い主さんの思いや生活が見える、人気の展示になっています。

この本に載った感謝状からも、飼い主さんそれぞれの思いが伝わってくることと思います。うさぎが飼い主さんのもとに来てくれたことを感謝し、敬意をもって接するようになるきっかけになってくれたらうれしいですね。

うさぎと夫婦とで積み重ねてきた10年間

いしづかまさとさん＆まほさん

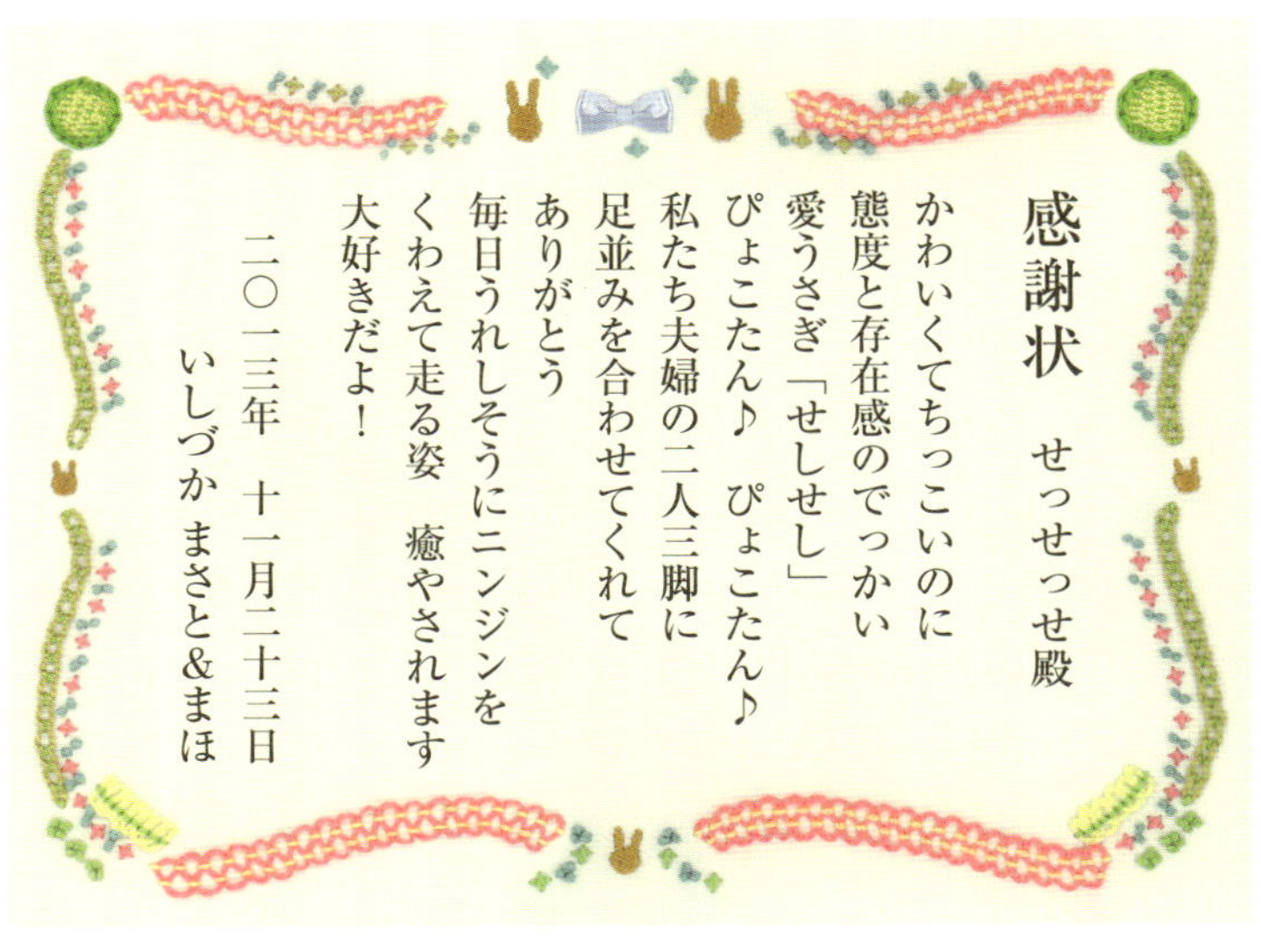

感謝状　せっせっせ殿

かわいくてちっこいのに
態度と存在感のでっかい
愛うさぎ「せしせし」
ぴょこたん♪　ぴょこたん♪
私たち夫婦の二人三脚に
足並みを合わせてくれて
ありがとう
毎日うれしそうにニンジンを
くわえて走る姿　癒やされます
大好きだよ！

二〇一三年　十一月二十三日
いしづか　まさと＆まほ

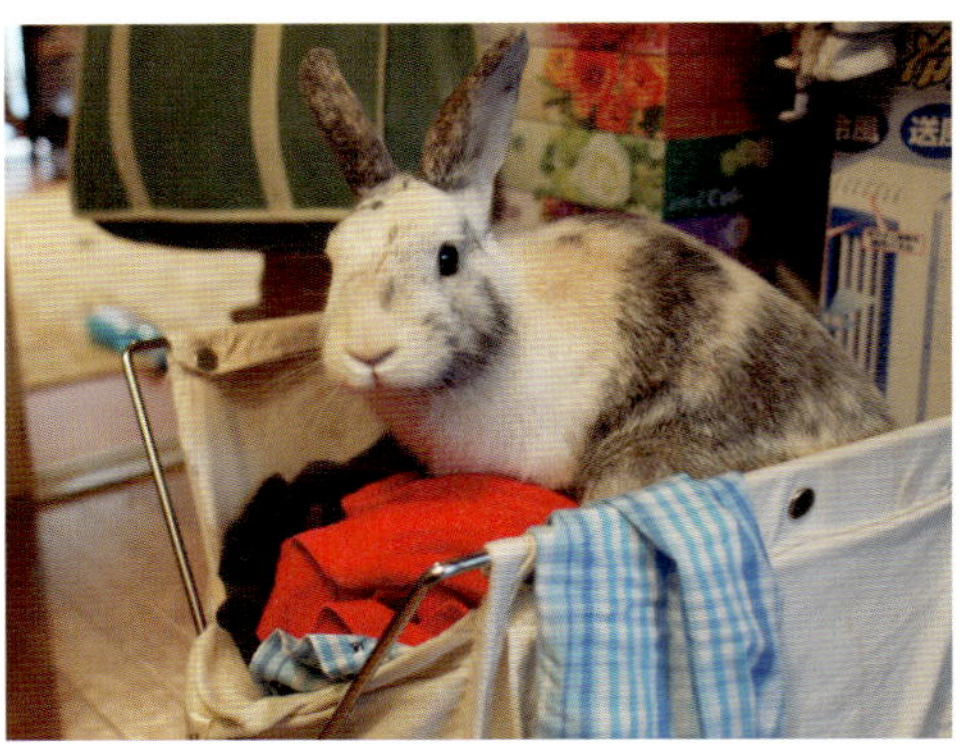

ランドリーボックスに飛び乗って得意顔。「洗濯お手伝いするよ!」と言っているかのよう。

ダンボールで秘密基地を作りました。「いばった顔がかわいいでしょう?」とまほさん。

うさぎの名前も決めてお迎えを心待ちに

私たち夫婦が一緒に暮らすことになったとき、真っ先に「うさぎを飼おうね！」と言い合いました。私も彼も子供の頃にうさぎと暮らしていたことがあって、いつかまたうさぎをお迎えしたいと思っていたんです。

彼は「せっせせっせと名付けるんだ」とうさぎの名前まで決めていました。子供の頃、うさぎが後ろ足で立ち上がるのを見るたびに、一緒にせっせせっせがしたいなあと思っていたからだそうです。

結婚10周年で愛うさぎも10歳に

結婚して半年後、ようやくお店でせっせせっせを見つけました。「せっせせっせ～」と呼びかけたらこちらを見て立ちあがったので、この子だとわかったんです。

せっせせっせはいい意味で想定外のうさぎでした。私たちが何かやっていると飛んできて参加しようとします。いたずらしたあとは立ち上がってドヤ顔に！　ニンジンをもらうと口にくわえて走りまわり、アピールしてから食べます。

私は夫からエンゲージリングをもらわなかったけれど、代わりにすてきなエンゲージうさぎが来てくれました。先日、私たちは結婚10周年を迎えて愛うさぎも10歳になりました。この10年間はせっせせっせに笑って感動しての連続でした。これから先も一緒に月日を重ねてほしいと思っています。

なでられるのが大好き! もっとなでてほしいときときには、鼻先を手の中に入れてきます。

＊P80～91に掲載しているうさぎの年齢は、感謝状が贈られた当時の年齢になります。

息子をやさしい子にしてくれた甘えん坊

ミモザのママさん

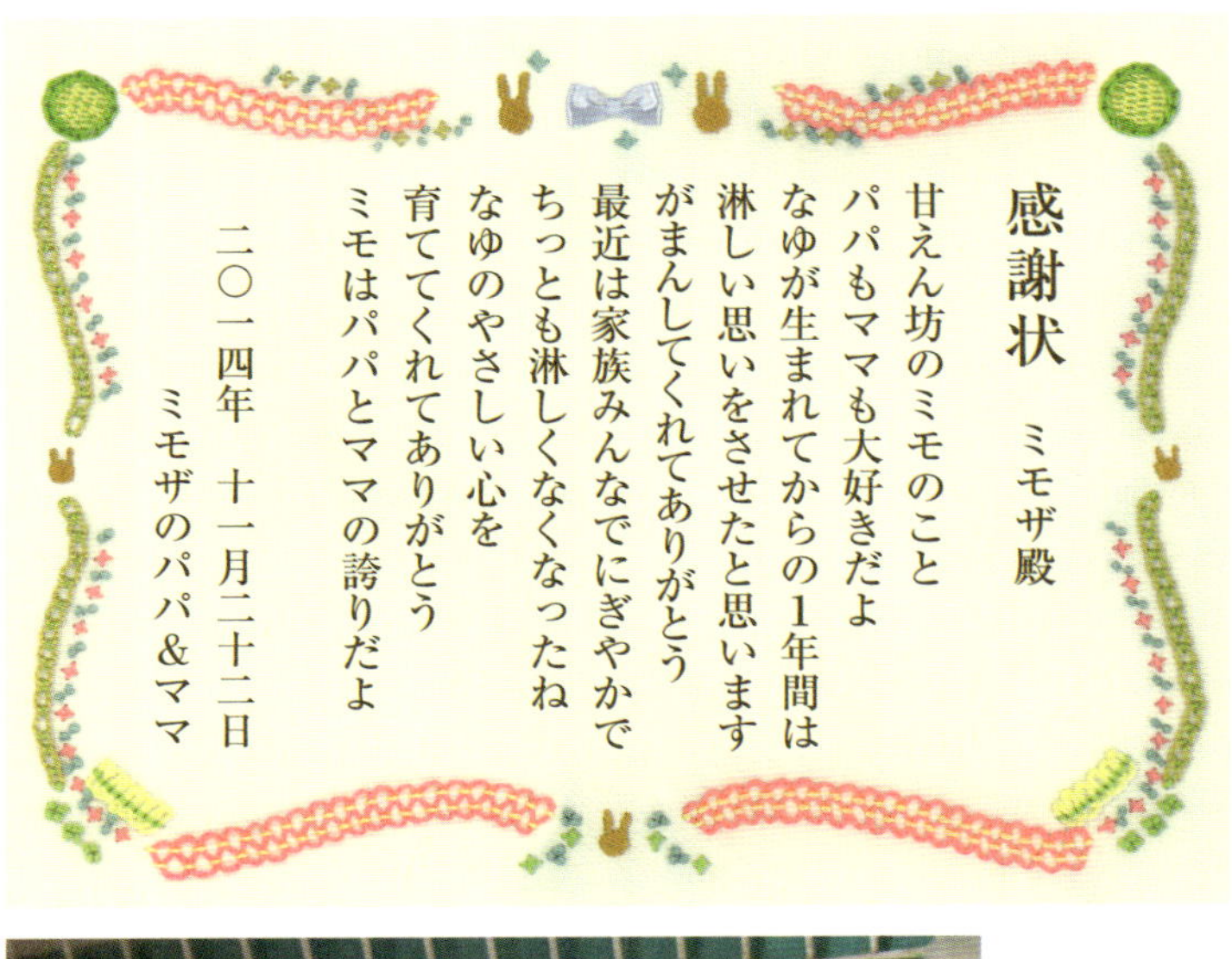

感謝状　ミモザ殿

甘えん坊のミモのこと
パパもママも大好きだよ
なゆが生まれてからの1年間は
淋しい思いをさせたと思います
がまんしてくれてありがとう
最近は家族みんなでにぎやかで
ちっとも淋しくなくなったね
なゆのやさしい心を
育ててくれてありがとう
ミモはパパとママの誇りだよ

二〇一四年　十一月二十二日
ミモザのパパ＆ママ

名前を呼ばれると飛んでくるというミモザちゃん。感情豊かで元気いっぱいのうさぎです。

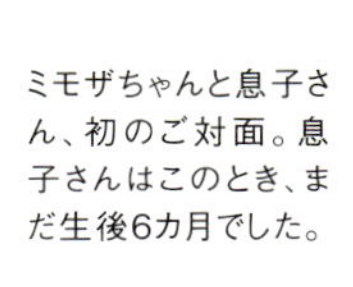

ミモザちゃんと息子さん、初のご対面。息子さんはこのとき、まだ生後6カ月でした。

うさぎのおかげで息子の心も育ちました

息子が生まれてから1歳になるまでは、アレルギーを考えてミモザをうさぎ部屋だけでへやんぽさせていました。

大好きなパパと毎晩遊んでいたけれど、家族みんなでミモザとふれあう時間は減ってしまいました。それでもミモザはがまん強く、元気でいてくれました。

再びリビングでへやんぽするようになってからは、まだ幼かった息子がついミモザにちょっかいを出すこともありました。息子に「やさしくね」「なでなでしてね」とくり返し伝えました。すると、だんだんミモザをなでるようになり、ミモザもうれしそうになでられる姿を見せるようになったんです。

今では息子はうさぎだけでなくお友達にもやさしく接するようになりました。こんなにやさしい子に育ったのはミモザのおかげだと感謝しています。

今では兄弟のようなふたり

ミモザはどうやら自分のことを息子のお兄ちゃんだと思っているみたいです。へやんぽ中は息子のあとについていったり、逆についてこられたりと、まるで兄弟のようにふたりで行ったり来たりしています。こんなににぎやかで幸せな時間を、これからも長く続けていけるように願っています。

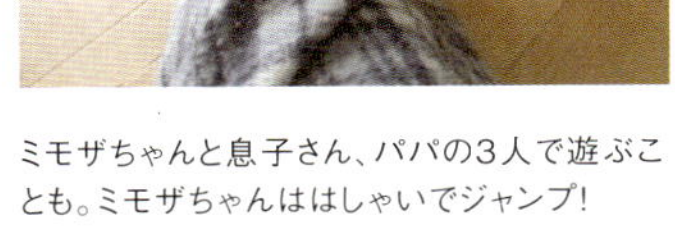

ミモザちゃんと息子さん、パパの3人で遊ぶことも。ミモザちゃんははしゃいでジャンプ!

仲良くしたくておでこをくっつけようとしている息子さんと、それを待つミモザちゃん。

お迎えの日の大冒険を乗り越えて

石橋京子さん

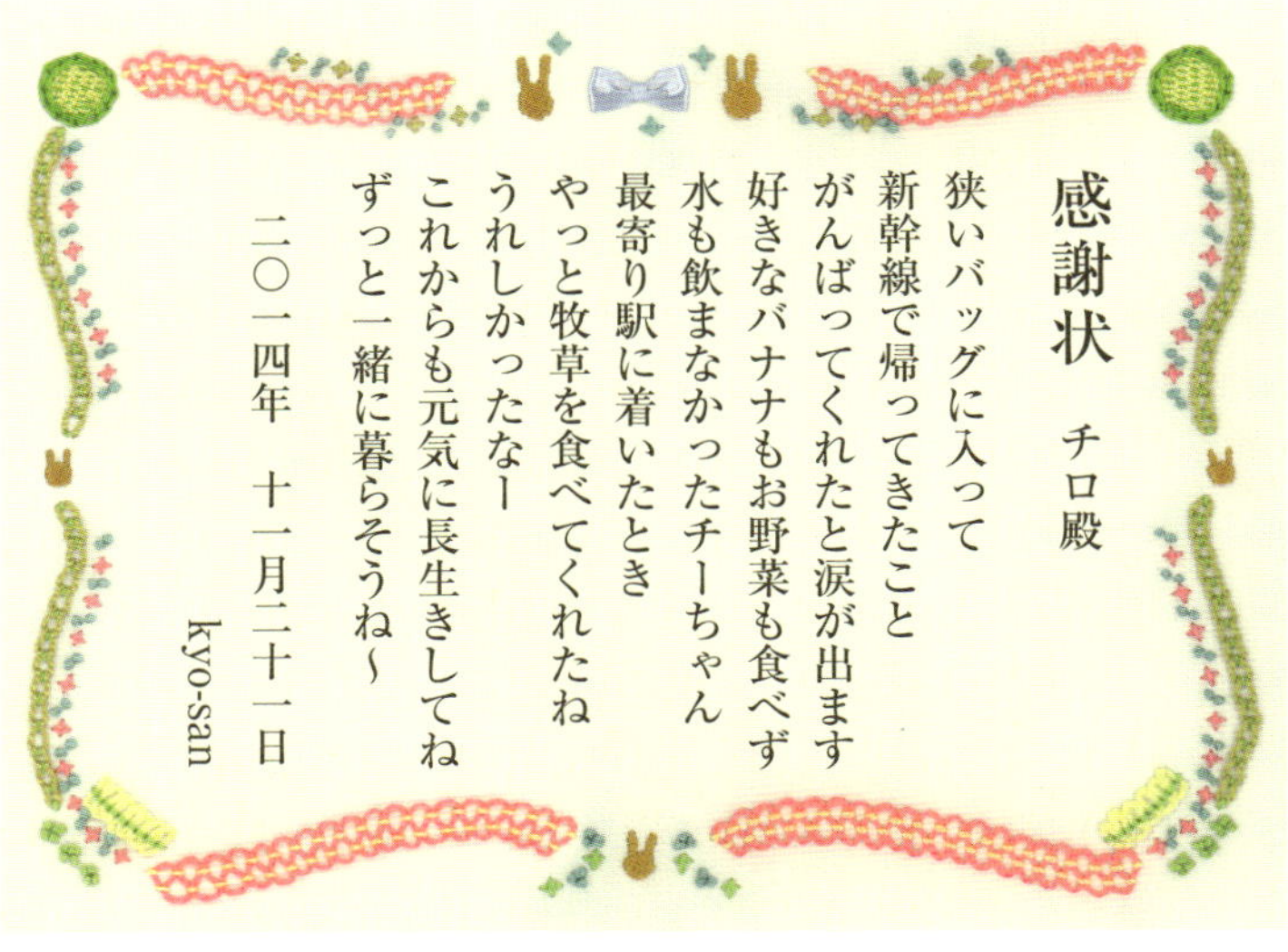

感謝状

チロ殿

狭いバッグに入って
新幹線で帰ってきたこと
がんばってくれたと涙が出ます
好きなバナナもお野菜も食べず
水も飲まなかったチーちゃん
最寄り駅に着いたとき
やっと牧草を食べてくれたね
うれしかったなー
これからも元気に長生きしてね
ずっと一緒に暮らそうね～

二〇一四年　十一月二十一日
kyo-san

天気のいい休日には外へ出て庭んぽをするのが日課。広い庭で走り回って遊びます。

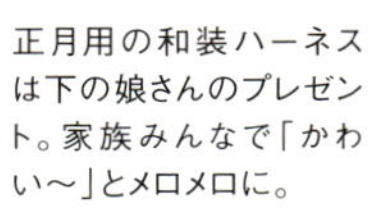

正月用の和装ハーネスは下の娘さんのプレゼント。家族みんなで「かわい～」とメロメロに。

新しいわが家に着くまでチロの大冒険

チロは以前、ひとり暮らしをしていた下の娘と一緒に暮らしていました。娘が留守にするときは上の娘がお世話に通っていて、当時から「家族みんなのうさぎ」だったんです。

娘の結婚が決まると、チロは広々暮らせる一戸建てのわが家で引き取ることになり、私とチロは新幹線と電車に乗って帰りました。緊張したのか、チロは道中、好物のバナナさえ口にしませんでした。不安で何度もチロに話しかけ、キャリーをのぞきました。

最寄り駅について牧草を食べてくれたときには心の底からほっとしました。たいへんでしたがチロも大冒険だったと思います。

チロが加わって家族がますますにぎやかに

今の家は私と夫、息子、おじいちゃんとおばあちゃんの5人暮らしです。いつも誰かが家にいてチロに「おはよう」「お休み」と声をかけています。

チロは声をかけられるたびにサークルを駆け巡って喜びのジャンプを見せてくれます。

一緒に暮らし始めたら、チロのことをさらにかわいく思うようになって、家族もにぎやかになりました。チロが来てくれて本当によかった。これからも楽しくみんなで暮らしていきたいです。

イチゴ柄のドレスも買ってもらったチロちゃん。カメラ目線でさっそくポーズ!

お友達のぴょんちゃんの家へ遊びにいきました。いつしか2匹そろっての撮影会に。

個性豊かな3匹とのじんわり幸せな毎日

うなシロさん

感謝状

シロ殿

12年前の夏　飼育小屋で
生まれた6匹のうさぎたち
きょうだいたちは一足先に月に帰り
シロが最後の1匹になりました
長く生きてくれてありがとう
月でお姉ちゃんたちが
待っているけれど　もう少し
地球での生活を楽しもうね
念願の干支一周を達成できたから
来年は13歳のお誕生会をしようね

二〇一六年　十一月二十六日
うなシロより

12歳という年齢を聞いてびっくりするほど、元気ではつらつとしているシロちゃん。

学校うさぎを引き取ったのがうさぎライフの始まり

最長老の12歳のシロをはじめ、9歳のマーブル、6歳のクリという3匹のうさぎと暮らしています。うさぎたちのケージを置いているのはリビング。そばの壁にはうさぎの写真を何枚も貼って、うさぎ雑貨もたくさん飾るほどうさぎにはまっている毎日ですが、昔はそれほどうさぎ好きではありませんでした。

最初にうさぎをお迎えしたいと言いだしたのは、当時小学生だった子供でした。小学校で生まれたうさぎ、「うな」の引き取り先を先生方が探していたんです。その後、妹うさぎのシロも小学校からお迎えしました。

毎日仲良く寄り添う2匹にふれるうちに、どんどん「うさぎはかわいい！」と思うようになって、いつしかうさぎに夢中になりました。うさぎはみんなかわいいけれど、うさぎと暮らす楽しさを教えてくれたうなとシロは、私にとっては特別な存在です。

個性豊かな3匹がわが家にそろうまで

マーブルはうさぎ専門店で生まれて兄弟全員の引き取り先が決まったあとも残っていた子です。マーブル模様がかわいくて、会ってすぐにわが家に引き取ることにしました。

クリは公園で保護されたうさぎから生まれた子でした。6歳で亡くなったうなの四十九日頃にクリ

楽しくなって小さくジャンプ♪　12歳になっても活発で足腰もしっかりしています。

毎朝へやんぽを欠かしません。シロちゃんはへやんぽ中の耳マッサージがお気に入り。

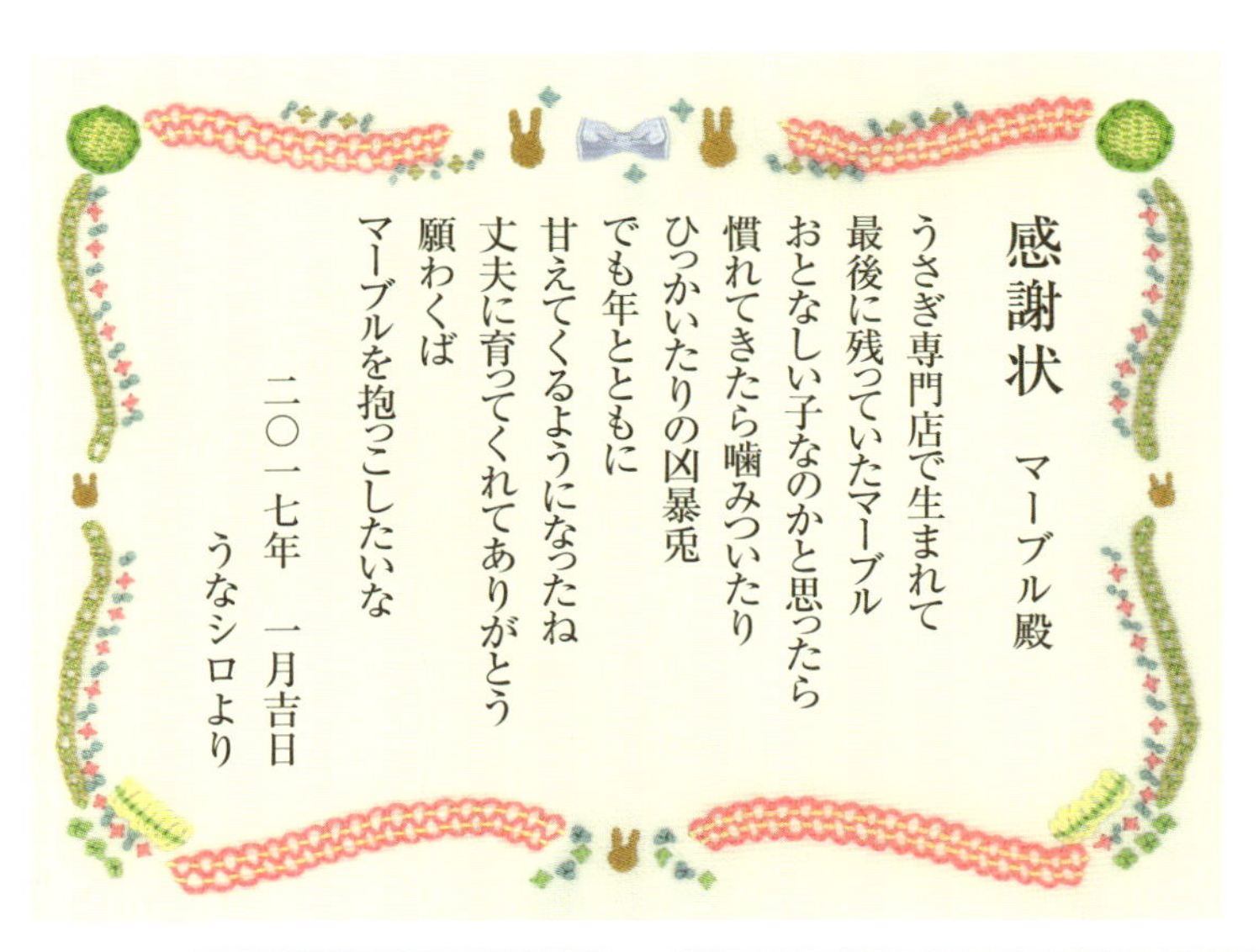
感謝状　マーブル殿

うさぎ専門店で生まれて
最後に残っていたマーブル
おとなしい子なのかと思ったら
慣れてきたら噛みついたり
ひっかいたりの凶暴兎
でも年とともに
甘えてくるようになったね
丈夫に育ってくれてありがとう
願わくば
マーブルを抱っこしたいな

二〇一七年　一月吉日
うなシロより

マーブルちゃんは名前のとおり「マーブル模様みたいな毛がかわいいでしょ」とうなシロさん。

マーブルちゃんは抱っこやひざに乗るのは苦手だけれど、マッサージにはいつもうっとり。

のことを知って、気になって気になって、ついにお迎えすることに決めました。お母さんうさぎが保護されなかったらクリはどうなっていただろうと思うと、今でもドキドキします。

亡くなったうなの分もがんばるように、シロは元気に12歳を迎えてくれました。ほかの2匹も体が丈夫で、3匹一緒にゆっくりと年を重ねてきました。

元気で長生きするように願いをこめて

感謝状は12歳になったシロへ、「これからもよろしくね」という気持ちを届けたくて書きました。シロは3匹のなかで一番人なつこくて、人間もほかのうさぎも大好き。抱っこされるのが上手でまだ

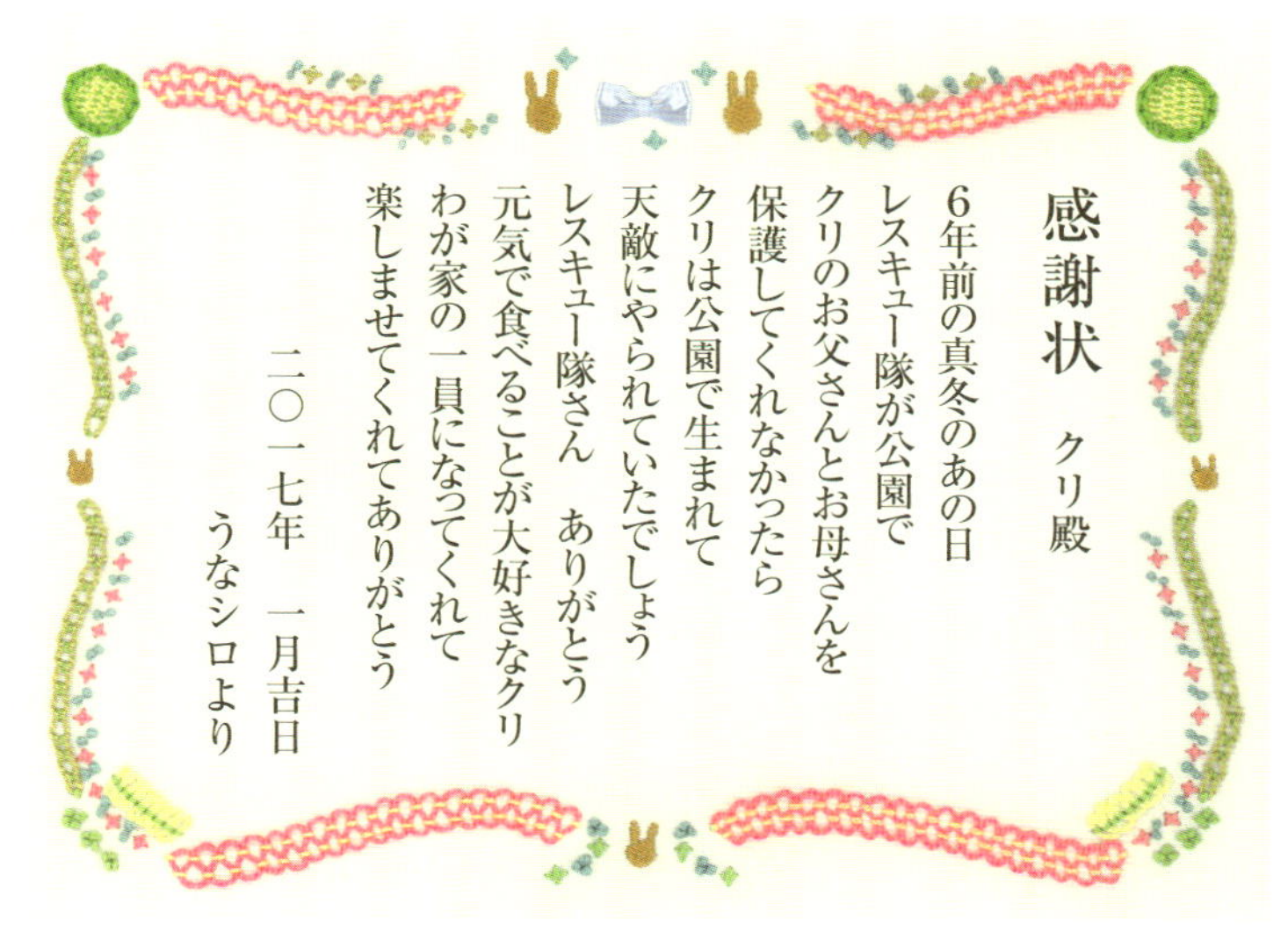

感謝状

クリ殿

6年前の真冬のあの日
レスキュー隊が公園で
クリのお父さんとお母さんを
保護してくれなかったら
クリは公園で生まれて
天敵にやられていたでしょう
レスキュー隊さん　ありがとう
元気で食べることが大好きなクリ
わが家の一員になってくれて
楽しませてくれてありがとう

二〇一七年　一月吉日
うなシロより

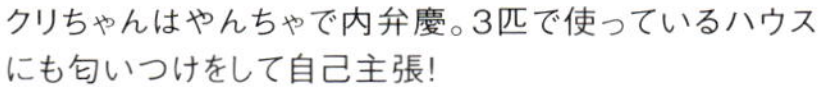

クリちゃんはやんちゃで内弁慶。3匹で使っているハウスにも匂いつけをして自己主張!

へやんぽ中にテンションが上がってきたクリちゃん。小さくスキップを見せてくれました。

まだ元気なので、今でもうさ友さんとの集まりに連れていくことがあります。

もちろんマーブルとクリもツンデレがかわいい大事な家族。2匹に向けた感謝状も用意しました。マーブルは抱っこが大の苦手ですがマッサージは大好き。歯をカクカク鳴らして喜びながら、ほかの2匹よりもたくさんなでさせてくれます。クリは、うながいなくなった淋しさを埋めてくれたやさしい子。クリをお迎えしてからは、ネットを通じてうさ友さんとの交流が増えました。3匹がいて、今の生活があるんだなって思います。暑さ寒さに負けないで、これからも3匹そろって元気に長生きしてくれるのが今の願いです。

天国のパパに代わって

髙松宏美さん

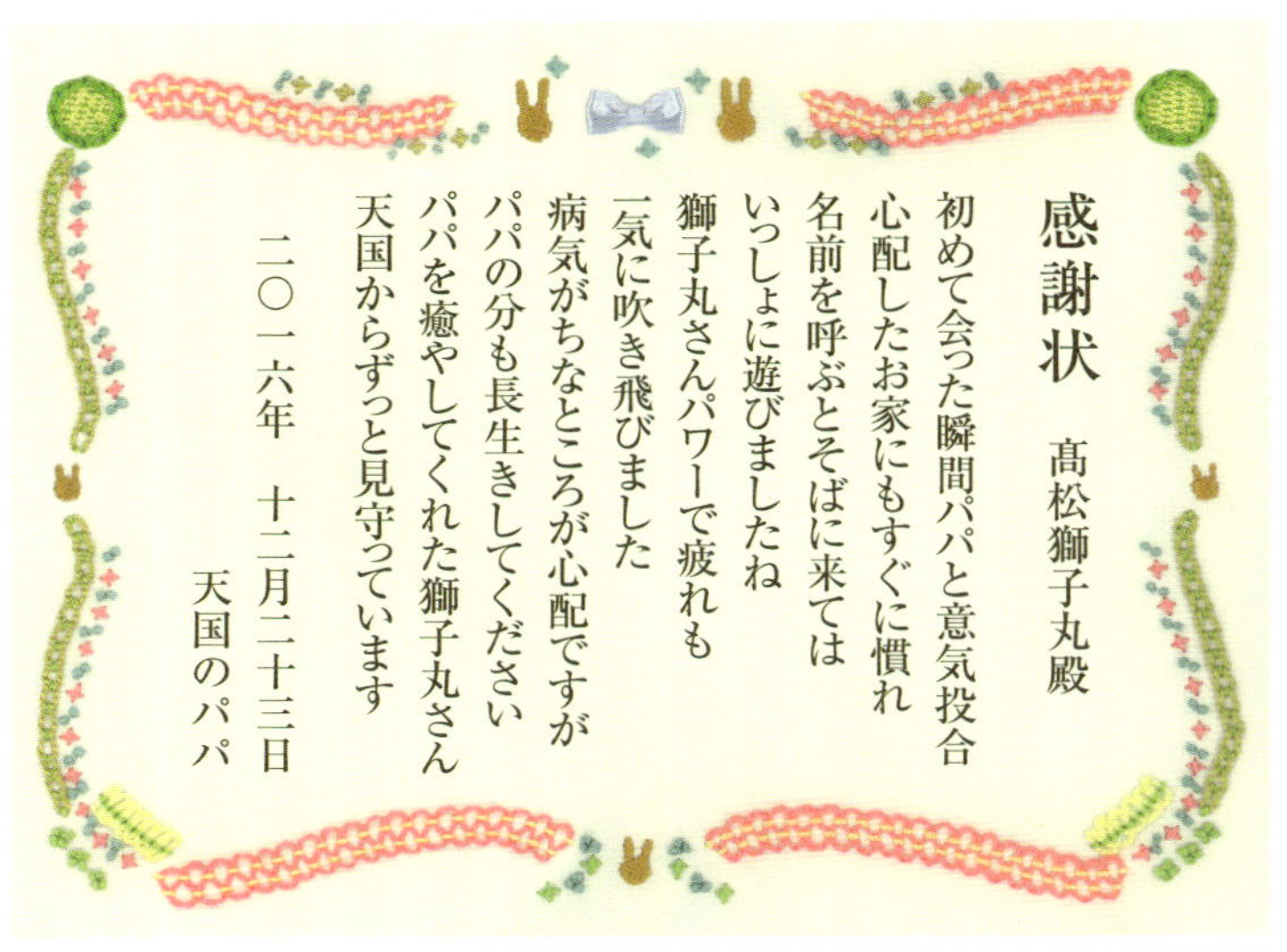

感謝状　髙松獅子丸殿

初めて会った瞬間パパと意気投合
心配したお家にもすぐに慣れ
名前を呼ぶとそばに来ては
いっしょに遊びましたね
獅子丸さんパワーで疲れも
一気に吹き飛びました
病気がちなところが心配ですが
パパの分も長生きしてください
パパを癒やしてくれた獅子丸さん
天国からずっと見守っています

二〇一六年　十二月二十三日
天国のパパ

ベランダも獅子丸君のへやんぽスペース。遊んだり、大好物のダイコン葉をもぐもぐしたり。

獅子丸君を初めて抱っこしたときのショット。パパはドキドキ、獅子丸君は余裕の表情です。

大好きなパパと獅子丸さんとの日々

獅子丸さんはパパととっても仲良しでした。パパが名前を呼ぶと、いつも足もとでくるくる回ってはうれしそうにしていました。パパも獅子丸さんが大好きで、整骨院の診療が終わるとすぐに2階の自宅に戻ってきて、お酒を飲みながら獅子丸さんにお灸やマッサージをしていました。

獅子丸さんのサークルはパパの部屋にあったので、ときには同じベッドで添い寝もしていたようです。お正月には野菜を使ってうさぎ用のお節を作ってあげるくらい、パパは本当に獅子丸さんをかわいがっていました。

突然のできごとをふたりで乗り越えるまで

でもある日、突然パパは他界してしまいました。ママはとても驚いたし悲しかったけれど、獅子丸さんもとてもショックを受けたようでした。

獅子丸さんは最初は部屋中歩き回ってパパを探していましたが、少しずつ食欲がなくなって、サークルから出ない日が続きました。けれども1年ほどたって、やっとへやんぽをするほど立ち直ってくれました。

感謝状はそんな獅子丸さんのために、パパに代わって書きました。8歳ですが、ますます元気に過ごしてほしい。パパもきっと天国でそう願っていると思います。

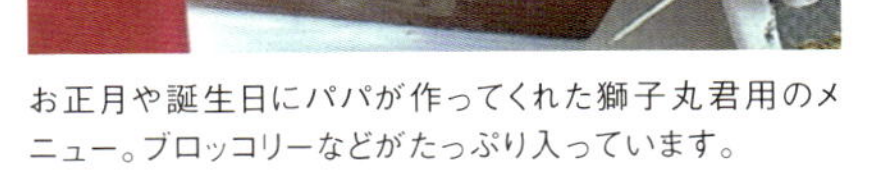

お正月や誕生日にパパが作ってくれた獅子丸君用のメニュー。ブロッコリーなどがたっぷり入っています。

ベランダには獅子丸君専用の「別宅」があります。隠れ家にもなるお気に入りの場所です。

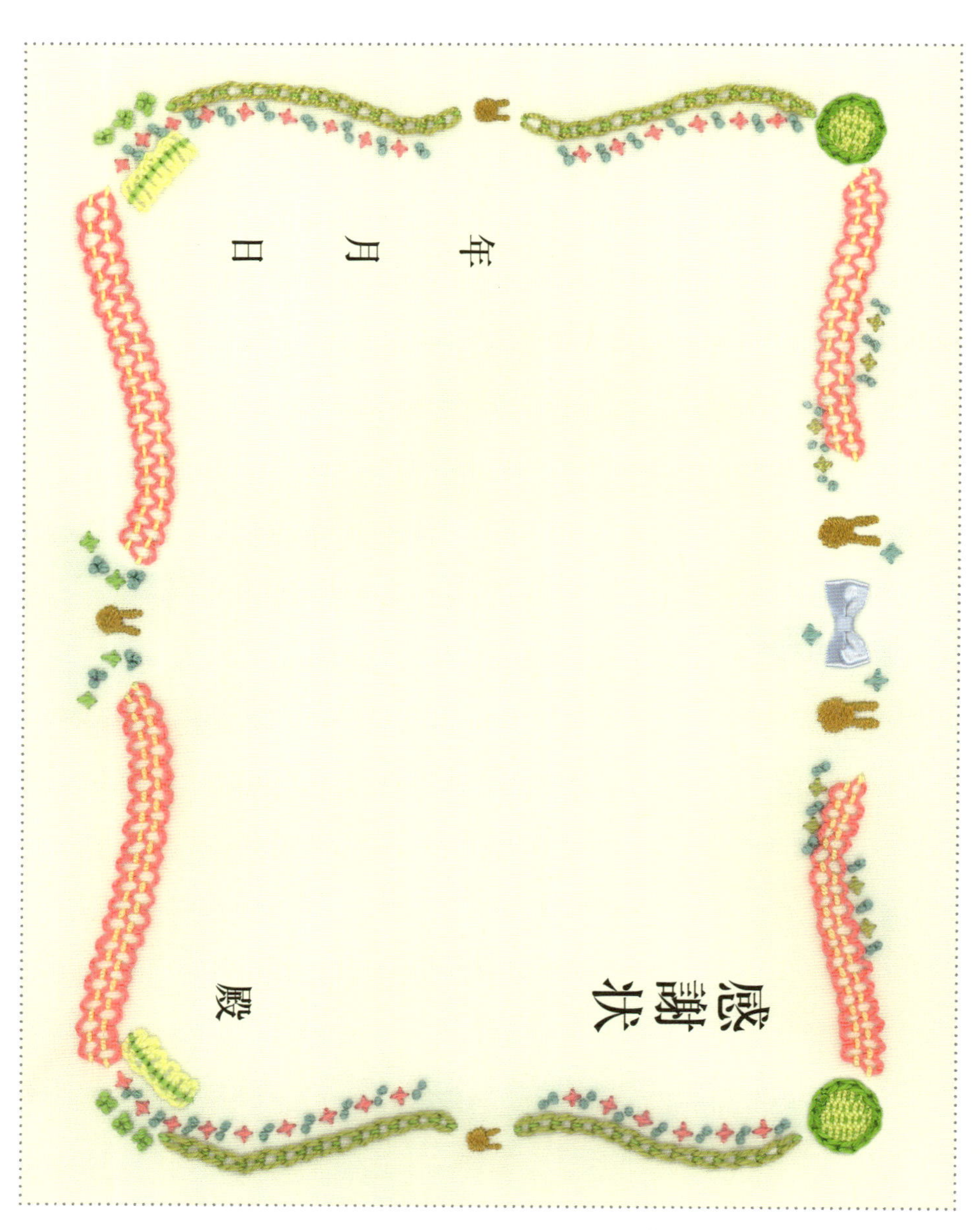

＊この感謝状をカラーコピーしてお使いください。

CHAPTER

4

老いたうさぎに寄り添う暮らし

変わらぬ「愛」を伝えるメンタルケアを大切に

4畳の部屋をのんのに1日中解放しています。掃除などしながら、なでてあげます。（大阪府／T・Mさん）

自分が愛されていると実感できると安心します

うさぎには人間と同じように豊かな感情があり、これは高齢になっても変わりません。「うれしい」「楽しい」などの表現がわかりやすい子もいれば、控えめなうさぎもいるという個体差はあります。けれども長い年月をともに過ごしてきたうさぎともなれば、飼い主と深い信頼関係が築けていることでしょう。

「今日は機嫌がよさそう」と思った日は、飼い主も満たされた気持ちになれるもの。そんな感情がまた、うさぎにも伝わります。

知っておいてほしいのは、年齢を重ねたうさぎは食欲や運動への欲求は低くなってくるぶん、解放感よりも安心感を求めるようになるということ。そこで必要となってくるのが、うさぎの不安感を解消するメンタルケアです。

飼い主にふれていたい、なでられたい、ひとりぼっちの不安を解消してほしい……。そんな欲求が満たされ、愛されていると実感できたときに、うさぎは安心しています。たっぷりの愛を、惜しみなく注いであげましょう。

「ご機嫌いかが？」

表情や動きに昨日と変わったことはないか、うさぎと向き合う時間を作って観察しましょう。お互いの安心感や病気の早期発見につながるはず。

「今日もかわいいね」

名前を呼んだり、いろんな話を聞かせたりのコミュニケーションを。いくつになっても、「かわいい」と褒めてもらうことにうさぎはうれしさを感じます。

いてくれることが幸せ

飼い主の不安はうさぎにも伝わるもの。それよりも、一緒にいられることが幸せだという気持ちを共有して。今日もおだやかに過ごせたことを感謝。

あたふたしないで

体力の衰えを自覚すると、うさぎ自身も落ちこむなどの葛藤があるはず。そんなときに飼い主まであたふたすると、うさぎも不安が増長してしまいます。

老いの症状にあわてず受け入れるサポートを

愛情をたっぷり注いでも、視力が低下したり、四肢の筋力が落ちたりといった、うさぎの体に現れる老化のサインをくい止めることはできません。段差で転ぶ、ものにぶつかる、歯の状態が悪くなるなど、すべての状態は人間の老いと似ています。今までできていたことができなくなってくることも、多くなってくるのです。

そうなると、うさぎはストレスを感じます。「あれ？　どうして？」という自問自答や飼い主への訴えも増え、イライラしたり、落ちこんだり……。そんなときに、飼い主も一緒になってあわてていたらうさぎは自信をなくす一方に。「年をとるのはいけないこと」だと思いこんでしまいます。

年をとることは悲しいことでも残念なことでもありません。まずは、飼い主がうさぎの老いをポジティブに受け入れること。そして、心身ともに不自由なく過ごせるよう工夫していくことが大切です。

年を重ねて寛容になるうさぎもいますが、高いプライドを保ち続けるうさぎもいます。メスのほうがその傾向にあるようです。うさぎのプライドを崩さないように配慮することも忘れずに。

年を重ねるほどかわいいと誇りと自信をもたせて

「失敗した！」という場面を減らす生活環境の見直しとともに「〇〇ちゃん、今日もかわいいね。

ドイツのフランクフルトに駐在していたときにお迎えしました。美しい毛並みとお顔が自慢です。（兵庫県／水野佳奈子さん）

桃太郎
10歳

動物病院の先生にも驚かれるほどのジャンプ力です。（神奈川県／力石恵里子さん）

昨日よりもっとかわいいね」と声をかけて、誇りをもたせてあげましょう。自信を取り戻すことで、うさぎも気持ちよく日々を送ることができるでしょう。

体力が落ちても、いろいろとできないことが増えてきても、飼い主がうさぎに寄り添い、支えることで、不自由さをカバーすることができます。

とはいえ、老いのバランスはいつどんなことがきっかけで崩れるかはわからないもの。老いのバランスを崩すことは、死と隣り合わせになることでもあります。

とても悲しくて考えたくないことではありますが、このことを忘れないようにしてください。

将来のためにシリンジでお水を飲ませたり、牧草などもいろいろな種類をあげています。（大阪府／ひこにゃんさん）

おいじたぐらし 老いがやってきた

もづくろい、あまりしないかわり
ブラッシングさせてくれるようになりました
はよしてや
ボサッ
シャキーン

あっそれ…
ええねん
もうちょう便だけでなく普通のフンもよくたべる
モグ
うまいねん

いろんなところにおしっこをする
水玉もようみたいでキレイやろ
えー

なので…モノをあまりおかなくなりました
ひろなったなー
きみのおかげだよー
あははは
そうじばかりしている

「ながら」ではなく、ちゃんと向き合うコミュニケーションを

「かまって」アピールには何よりも最優先で応えよう

うさぎがストレスを溜めこんでしまうと、体にもともと備わっている免疫力も低下してしまいます。高齢になると特にストレスを感じやすくなるので、いつも以上に密なコミュニケーションを心がけたいもの。いつもお皿に入れていたおやつを手から直接あげるなどの工夫も、飼い主とのうれしいスキンシップになります。

もうひとつ、コミュニケーションの見直しとして、「ながら」ではなく、うさぎときちんと向き合う時間を長くすることも大切です。若い頃は、「こうやれば飼い主がかまってくれる」などの魂胆が見え隠れすることもあります。しかし、老いてからのアピールにはその魂胆はありません。「今、甘えたい」「すごく不安」というときに、「ちょっと待って」なんてされると、ないがしろにされたと悲しくなり、しょんぼりしてしまいます。そんな思いは、させたくないですよね。

また、今やってほしいと望んでいることを今やってあげないと、後悔することになる可能性も。うさぎの落胆感も違いますから、ぜ

ひ手を止めて、うさぎと向き合う時間を作りましょう。

スキンシップの時間で小さな変化に気づくことも

「ながら」をやめて、たとえ10分でもうさぎとちゃんと向き合う毎日の時間を作ることは、いつもと違う微妙な変化に気づけるという大きな利点もあります。

活発に動かなくなった分、体調が悪いのか、いつもどおりなのか判断が難しい場合も出てきます。それが、毎日向き合うことで、昨日との違いがわかることも。「寝ている時間が長い」「隅っこにずっといる」などを「年をとったから」ですますのではなく、今どんな気持ちでいるのか、やさしく見守ってくださいね。

お年寄り向けのケージレイアウトとは

広めのケージで快適な老いじたく

老いじたくに向けて、ケージを買い替える予定があるのなら、ぜひ大きめのケージを検討してみてください。年をとったら小さいケージにと考えがちですが、大きいケージでのびのび動いてもらうことは、筋力低下を予防します。

ケージの中はなるべくシンプルにするのがいいですが、なんにもなくしてしまうと、おもしろみのない住まいになってしまいます。食べやすい容器に替えてみたり、床に敷くマットの素材に変化をつけるなどして、ある程度暮らしにメリハリをもたせましょう。

うさぎがよくいる場所には、やわらかなマットを敷いてあげるようにします。布ものをかじらない子には、布製のマットもおすすめ。うさぎ用のベッドを入れてあげるのもいいですね。こまめなお掃除が必須ですが、うさぎが心地よいならよしとしましょう。

また、「うちの子はほぼ部屋で放し飼いです」というお家もあるでしょう。高さのあるソファや、登り癖がついた家具などは撤去して、なるべくフラットなお部屋に改造しましょう。

ベッドはいつも清潔に。丸洗いができるうさぎ用のベッドも販売されています。

ヒーターは1年中使うものと考えて

住まいで気をつけたいのは「保温」です。若い頃よりも冷え性になっている場合が多く、夏場でもヒーターが有効。冷房を効かせていても、うさぎが暖まりたいと感じたら、ヒーターのそばに行けるような使い方がいいでしょう。

じっとしていることが多いうさぎは、ヒーターで低温やけどをすることも考えられます。乗るタイプのヒーターを使うときは、フリースなどの布を巻いたり、横に立てかけるなどしましょう。ケージの側面に設置できる遠赤外線パネルヒーターやペット用マイカヒーターなども、体を芯から温めてくれるので、お年寄りうさぎに好評のようです。

なお、冷気は下に溜まり、暖気は上昇します。ケージまわりには温湿度計を設置して、空調に気を配りましょう。

うちの子の快適レイアウトを探る

次のページから紹介するのは、老いじたく用のケージレイアウト例です。老い方はうさぎによってさまざまなので、うちの子に合った住まいを考えてあげましょう。試行錯誤もときには必要です。

ご長寿うさぎが増えていることもあり、うさぎ用品のメーカーやショップからお年寄り向けの商品が続々と販売されています。お世話が楽になる商品もあるので、チェックしてみてはいかがでしょう。

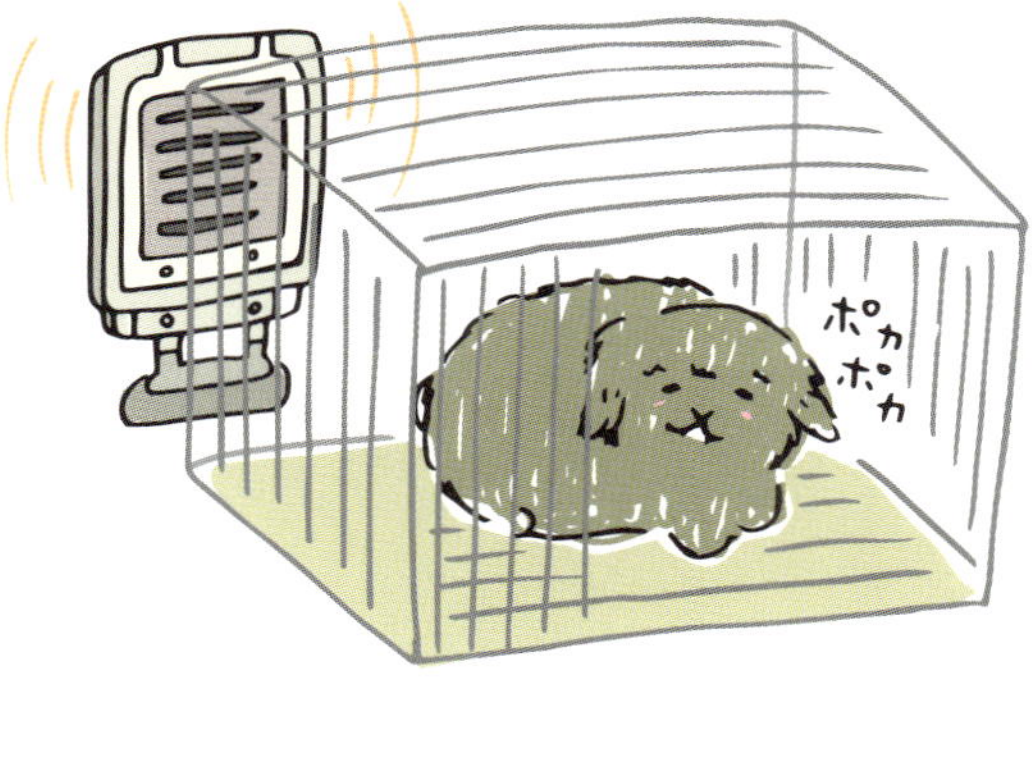

お年寄りうさぎに「冷え」は禁物。ペット用ヒーターは夏場でも活躍します。

のびのび動けるケージレイアウト

ロフトなど高さのあるものを取り外し、
その分広さと動きやすさを追求したケージレイアウト。
まだトイレが使えて、これから老いを迎えるうさぎ向けです。

広いケージだと、大きめのトイレも無理なく置けます。大きいおしりの子でもすっぽりおさまる安心感がいいですね。

ロフトやメッシュトンネルなどは、うさぎの様子を見ながら徐々に低くしていって、最終的に取り外すのが理想。

うさぎがよく過ごす場所には、わらマットを敷いて過ごしやすく。サイズ違いを組み合わせて、敷きつめることもできます。

ケージはお世話と観察がしやすい場所に置きます。まわりにはあまりものなどを置かず、風通しよくしてあげましょう。

年をとると立ち上がる回数が減りますが、まだケージにある程度高さがほしいところ。広さに加えて高さのあるケージを。

扉は広く中はシンプルに

ケージの扉は広いほうが、うさぎが出入りしやすく、飼い主が抱っこしやすいです。出入り口にP105のステップ台を置くのもおすすめ。ケージの中での動きがしやすいよう、レイアウトはなるべくシンプルに。床に敷いたわらマットに盲腸便がくっついた場合は、乾いてからしっかり除去。オシッコの失敗で汚れたら、よく洗って天日干しします。

ケージの構造もチェック

このタイプのケージは、立ち上がりの部分がプラスチックになっています。よろめいたときに、金網に顔をぶつけにくく、衝撃をやわらげます。

うさぎの姿勢を考えて

水を飲んだりごはんを食べるのが負担にならないよう、給水ボトルの位置は低めに、フード入れは顔を入れやすいものを選びます。フード入れは重みのあるものを。

トイレを居心地のいい場所に

トイレに気持ちよく乗ってもらうため、大きくて四角いトイレを設置。足もとにはわらマットを敷いています。牧草入れも食べやすい位置に。

ゆったり過ごせるケージレイアウト

寝ていることが多くなってきた子向けのレイアウトです。
いつでもゴロゴロ快適に過ごせる住まいを目指します。

お年寄りになっても、牧草はもりもり食べてほしいもの。たっぷり置けて、食べやすいものを選びましょう。

床に近いところで過ごすことが多くなったうさぎには、くつろげるスペースを確保して。ケージの高さはさほど必要ではありません。

わらマットと防水マットを組み合わせています。トイレ事情や季節によって素材を変えるなど、床には気を配って。

布製の防水マットは何枚かストックしておくと便利です。ケージに敷く場合、布をかじる子には不向きなのでご注意を。

トイレは段差が少ないものがおすすめ。トイレが使える子には、なるべく長く使ってほしいものです。

居心地のよい床

わらマットと防水マットを敷きつめて、床全体が足にやさしく。牧草入れはケージにぴったり収まっているので、半端な隙間が生まれません。

食べやすい形

固定式のフード入れを使うときは、浅型で広口なものが食べやすくておすすめ。このタイプはスライド式なので低い位置にも取り付けられます。

出入り口にステップ台

広めのステップ台を作ってあげると、出入りが楽になります。写真は木製の牧草入れを引っくり返してタオルを巻いたもの。床面には滑りどめを。

トイレのスノコ

盲腸便を残したり、軟便ぎみになってきたら、トイレのスノコは金網タイプにしましょう。プラ製だと、汚れが足に付きやすくなってしまいます。スノコを別売りしているものもあるので、販売店などでチェックを。

受け皿がついた給水ボトル

ディッシュタイプの給水ボトルは、楽な姿勢で水を飲むことができます。今までのボトルが飲みにくいようなら、試してみるのもおすすめ。

転びやすいときのケージレイアウト

足腰が弱くなってきたり、目が見えづらくなって、
ケージの中でふらついてしまう子向けのレイアウト例です。
トイレがあいまいになってきた子にも向いています。

ふらふらする回数が多くなってきたら、クッションなどを入れておいても。普段寄りかかったりすることもできます。

転びやすくなったらケージの中はさらにシンプルに。とはいえ、同じところにじっとしないようにレイアウトを工夫して。

目が見えづらくなっても、トイレやごはんの場所はわかっているものです。一度決めたら、なるべく同じレイアウトで。

ケージの中はなるべく障害物をなくしておきたいところ。ごはんを食べ終わったら、食器は下げるようにしましょう。

床には防水マットを敷いています。吸水性がよく、肌ざわりがいいものを選び、汚れたら取り替えるようにします。

転んだときを考えて

ケージの中で転んでしまってもケガをしないよう、中に置くものを見直しましょう。角があるものは極力避けて、丸っこいものや、あたりがやわらかなものを選ぶようにします。

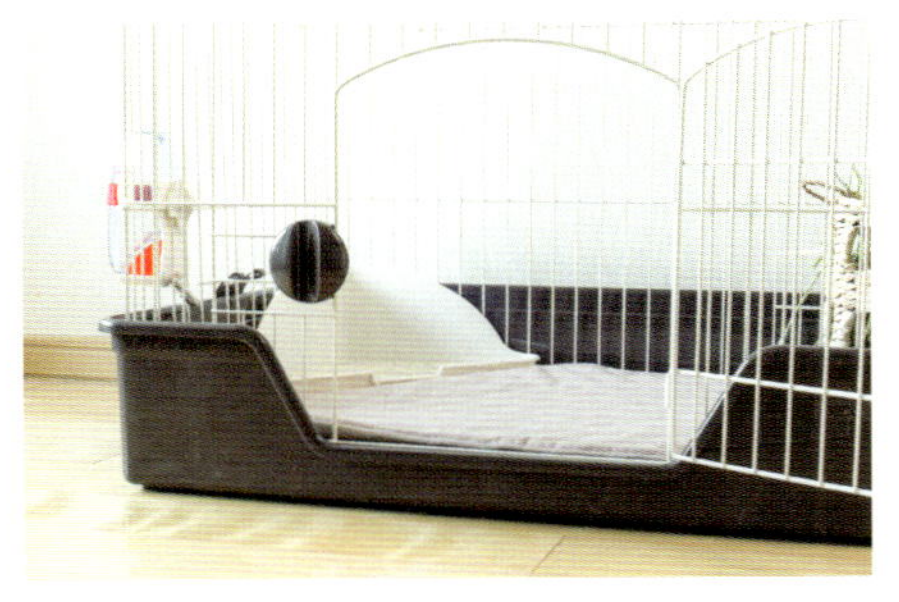

トイレの段差を考えて

このケージには床アミに埋めこみ式のトイレが付いています。その分段差が少ない設計です。左右、どちら側でも設置できるようになっています。

出入り口の段差

出入り口の段差が少ないのもチェックポイント。出るのをためらっているようなら、抱っこして出し入れしてあげましょう。

ごはんを食べやすく

これは猫用のフード入れですが、手前が低くなっていてうさぎも食べやすい構造。犬や猫用でも、うさぎに使えるものがあるのはうれしいですね。

牧草入れも柔軟に

バナナの茎で編まれた牧草入れは、うさぎがぶつかってもクッション代わりになります。お年寄りになるとかじることも減るので、若い頃よりは長持ちします。

介護するときのケージレイアウト

うさぎによって、介護の度合いやお世話のしかたは変わってきます。
うちの子に合った住まいと、お世話しやすいレイアウトを考えましょう。

トイレは置かないレイアウトです。介護のありなしにかかわらず、トイレを使わないようなら撤去してもOKです。

床には吸水性のよいバスマットを敷いています。足ざわりがいいこと、ひんぱんに洗えること、安価で買えることもポイントに。

食べ物を食べることはお年寄りうさぎにとって、何よりの楽しみ。自力で食べられなければひと粒ずつ手から与えても。

クッションはうさぎが転んだときの衝撃をやわらげたり、寄りかかったりするためのもの。手作りしてみてもいいですね。

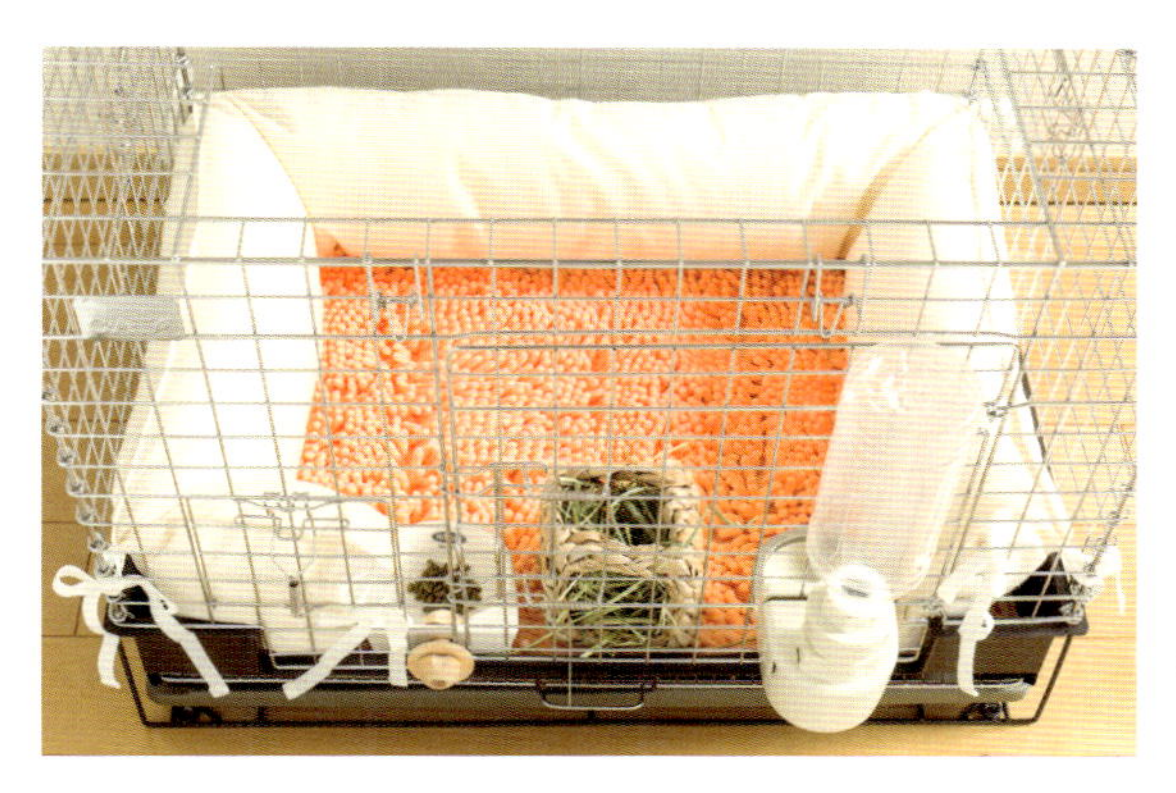

ふんわりとした住まい

ケージに固定できるクッションをぐるりと取り付けています。ケージを小さいものに替えるのではなく、クッションなどで囲いこんで、ふんわりとうさぎの姿勢をサポートします。オシッコは床に敷いたバスマットに、全部吸い取ってもらいます。マットはフンを「バッ！　バッ！」と払い落としてから洗います。

転がしておくという発想

牧草は床に直置きするという手もありますが、写真のようなおもちゃに入れて転がしておくという方法もあります。動けない子には口もとに置いて。

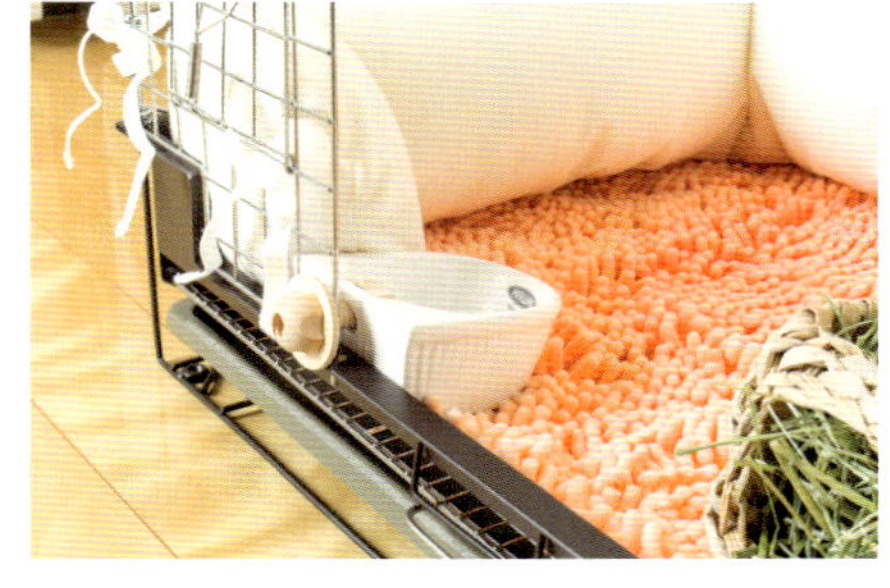

取り付け方にも工夫を

ごはんを食べやすくするよう、固定ネジをわざと斜めにして角度をつけています。少しでも長く自力で食べてもらえるよう、取り付け方にもひと工夫。

四方にクッションを

介護の度合いが進んだら、クッションを四方に取り付けます。うさぎがずっと同じ体勢にならないよう、クッションにもたれかけさせたりしましょう。

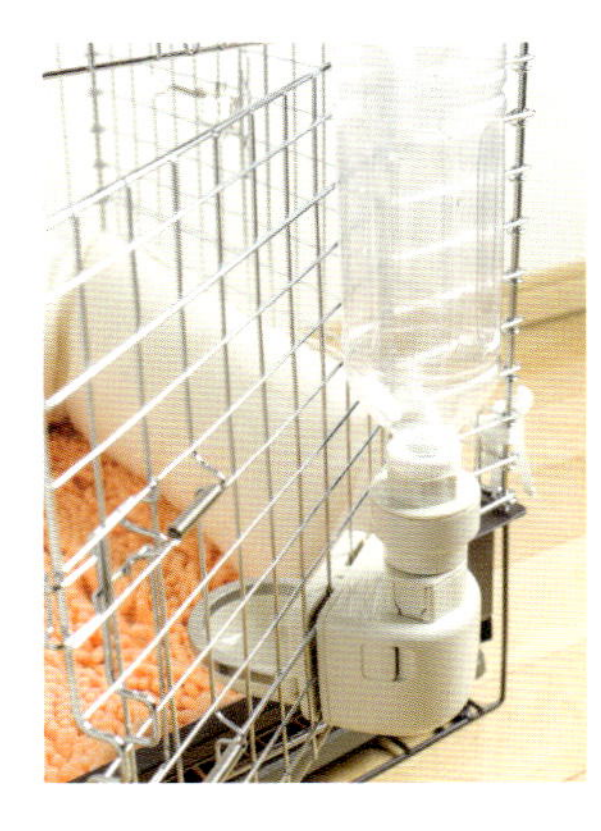

安全に飲める環境

受け皿のついた給水ボトルは、お皿をひっくり返す心配がありません。購入の前に、使っているケージにボトルが取り付けられるか確認しましょう。

お年寄りうさぎにやさしいアイテム

定番のアイテムでもお年寄り向けの使い方があります。介護アイテムは
かわいいデザインのものが多く、飼い主の気持ちを明るくしてくれます。

＊ P102 ～ 111 に掲載している商品の企業情報は P159 にあります。参考にしてみてください。

へやんぽ時の給水場に

サイフォン式の給水器は飲み口の受け皿が小さいので、お皿のひっくり返しを防ぎ、前足も濡らしません。へやんぽ時の給水器として使っても。

ストッパーを外して

金網などのストッパーが付いている牧草入れは、網を外して使うと食べやすくなります。食べ残しの牧草は処分するようにしましょう。

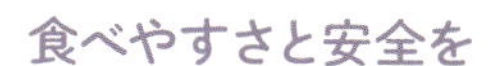

食べやすさと安全を

右の容器はペレットなどを入れるフード入れですが、お年寄りの牧草入れとしても使えます。左の牧草入れは角が丸くなっているところがポイント。

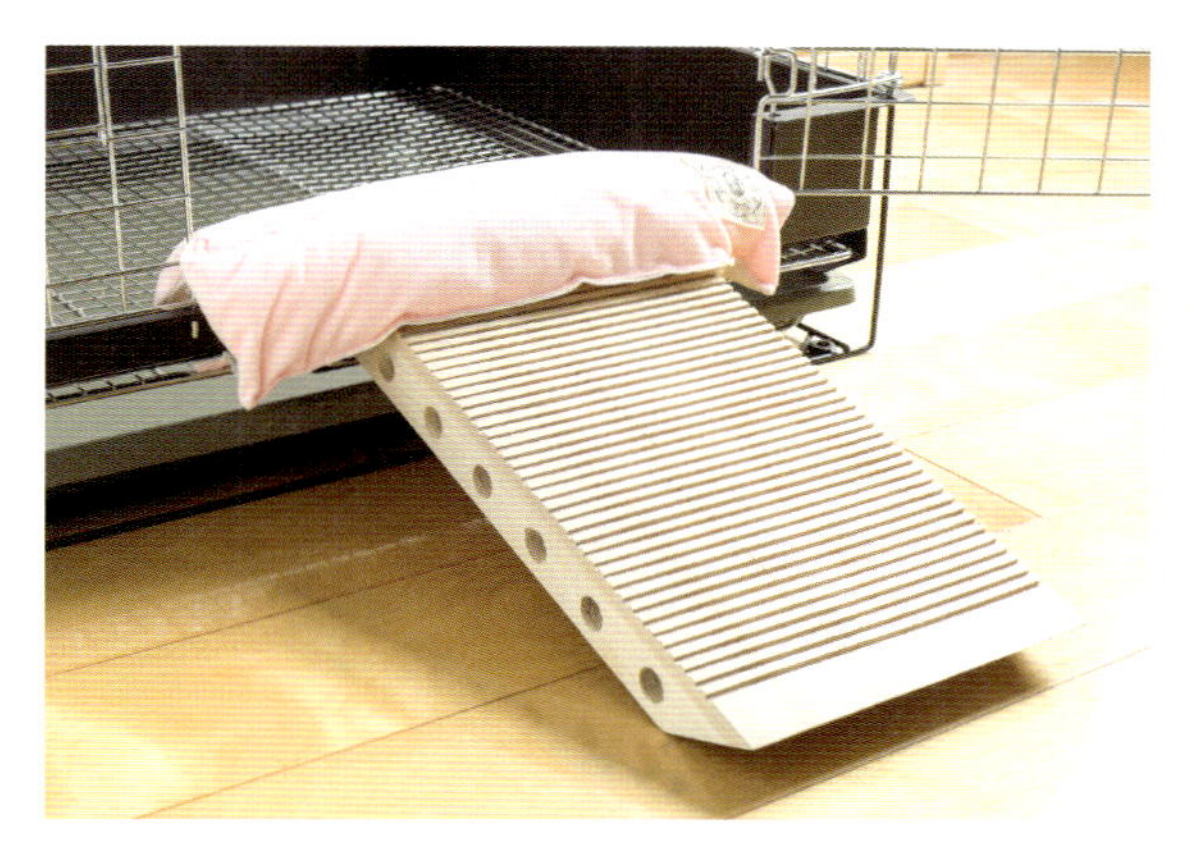

スロープとクッション

出入り口にスロープを付ける場合は、なるべく傾斜をなくして。またぐときに足を引っかけやすいので、クッションでカバーすると安心です。スロープの両脇にクッションを置いても。

足もとをいたわるマット

クッション性の高いフロアマットや、ペットシーツを入れて使えるマットも販売されています。マット類はいろいろ試してみたいですね。

介護用の小さなクッション

右のテープが付いたクッションは、うさぎの胸もとに巻くと自然に頭が持ち上がって楽な姿勢に。ドーナツ形のクッションはおしりに敷いて使います。おしりが少し浮くことで、オシッコが足にまわるのを防ぎます。ペットシーツで包んで使っても。

ベッド付きのキャリーバッグ

キャリーバッグは病院に行くときの必需品。このキャリーはうさぎ雑誌の企画から生まれたもの。中にうさぎがすっぽりはさまるベッド形のクッションが入っています。

うさぎの介護は新しい世界の始まり

寝たきりでも食欲は旺盛。高齢になって抱っこさせてくれるようになりました。（三重県／田中次郎さん）

介護の目的は「おだやかな毎日」

うさぎの生活に、それまで以上に人の手が必要になったときから介護が始まります。

うさぎの介護の目的は、うさぎが気分よくおだやかに毎日を過ごせることです。そのための手段として、食事の手助けや投薬、排泄の介助、衛生面のケア、運動の介助、温度管理などをおこないます。どんなことが必要かはうさぎによって異なります。

人では、介護の3原則と呼ばれるものがあります。生活継続の原則、自己決定の原則、残存能力活用の原則の3つで、これをうさぎの介護にあてはめてみると、これまでの暮らしをあまり変えないようにすること、無理強いをしないこと、まだできることはできるだけ自分でやれるようにすること、といえるでしょう。

老化をどんと受け止めて

できないことが増える現実に、うさぎも自信を失い、不安にもなってきます。そんなときには大丈夫だよとポジティブな声かけをし、励ましましょう。そして、ごはんを完食できたね、いいフンが出たね、楽しく遊べたねと、できたことを見つけて褒めてあげましょう。

うさぎと接するときは前向きに、どんな老化もどんと受け止めてあげるよというおおらかな気持ちでいることが、うさぎを安心させるのではないでしょうか。

「できること」を100%やろう

介護はうさぎごとに、飼い主ごとに違うものです。ほかの家庭と比べて優劣がつけられるものではありません。がんばりすぎて自分が倒れてしまったらたいへんです。無理をせず、「自分にできること」の100%をやればよいのです。ひとりで抱えこまず、家族や獣医師、行きつけのうさぎ専門店、うさ友さんなどに相談するのもいいでしょう。

うさぎが長生きしてくれたからこそ、介護の日々があります。介護はうさぎと飼い主が作る新たな世界でもあります。

おいじたぐらし ほめまくる！

すごいよ！
シーツの上でもおしっこできたやん！
じょー
ペットシーツ
パチパチ

うさぎに合った介護食で栄養をしっかりとらせたい

不正咬合ですが、好きな野菜はよく食べます。最近転びやすく、座るときもぬいぐるみを支えにしています。（大阪府／プリンの母ちゃんさん）

体調に変化が出てきたら食事の見直しを

食べる量が減る、痩せてくる、フンが小さく、少なくなる、毛並みが悪くなるといったことや、歯が悪くなってきたりしたら、食事内容を見直す時期です。

ただし、まずは何が原因なのかを見きわめるため、診察を受けて治療を検討しましょう。

専用の介護食を取り入れる

消化吸収能力が衰えて痩せる場合だと、ペレットをふやかして食べやすくするだけでは対応できません。消化しやすい、介護用パウダーフードを利用するといいでしょう。動物病院で取りあつかっている処方食もあります。

ペレットを減らして介護食を与えるか、すべて介護食に切り替えるかは、うさぎの状態によって違いますが、介護食は日持ちがせず、用意する手間もかかります。人にあずける可能性があるときなどを考えると、食べやすいペレットもメニューに加えておくほうがいいでしょう。

自分から食べようとしないときは強制給餌が必要になります。獣

〈イースター〉
セレクションプロプラス グルテンフリー バイタルチャージ
高繊維質なチモシー牧草を主原料に、β-グルカンなどを配合。

〈メディマル〉
ケアフード　ウサギの介護食
乳酸菌や消化酵素など、必要な栄養素をバランスよく配合。

〈うさぎのしっぽ〉
リカバリーフード
うさぎのおだんご グルテンフリー
チモシー牧草が主原料でグルテンフリー。アガリスクやヌクレオチドなどを配合。

〈イースター〉
セレクションプラス
草食小動物用パウダー
アルファルファ牧草を主原料に、β-グルカンなどを配合。

医師と相談のうえで、必要なら切り替えを考えましょう。ただし、完全に消化器官の動きが止まっているときなど、病気で食べないときの強制給餌は危険な場合があるので注意してください。

体の働きを維持するため水分もしっかり与えて

水分を十分に与えることも心がけましょう。体内の水分が不足すると、消化器官の動きが悪くなる、オシッコの量が減って老廃物が排泄されなくなったり腎不全になりやすくなる、脱水症状になる、食欲不振などが起こります。また、粘膜が乾燥して病気に感染しやすくならないためにも、水分は大切なものなのです。

元気になってもらうための手作りおだんごとシリンジ食

企画協力：ペッツクラブ

好みのおだんごを作ってあげて

介護食には、やわらかいおだんご状のものと、どろっとしたシリンジ食（流動食）があります。どちらも、通常のフードや牧草が食べられなくなったり、消化しにくくなった子のためのごはんです。

おだんご状の介護食は、年齢を感じ始める7歳くらいから食べ慣れてもらうことをおすすめします。野菜や果物のしぼり汁やサプリメントを入れて、好みのおだんごを作ってあげましょう。おやつのドライフルーツを細かく刻んだものや、サプリメントのプロポリスを混ぜると、味がおいしくなるようです。

慣れてもらうために、最初はおやつとして少しずつあげるようにします。たくさんあげると「おいしい！　もうこれでいいや」と、フードや牧草を食べてくれなくなる場合もあるのでご注意を。

うさぎに大切な「繊維」は、やはり牧草に多く含まれています。おだんご介護食がメインとなっても、牧草はなるべく食べてもらうようにしましょう。ペレットタイプの牧草を水でふやかして、おだんごに加えるのも、繊維を増やす

うさぎが喜んで食べてくれる「おいしい介護食」を目指しましょう。

手助けとなります。

シリンジ食になっても おだんご食を目指して

シリンジ食は、おだんご状のものを受け付けなくなったときに与えます。少しずつゆっくりあげましょう。消化吸収のよいシリンジ食で体調を回復してもらい、おだんご状のものが食べられるようになるのが理想です。自力でごはんを食べることは、うさぎの自信にもつながります。

お年寄りうさぎにとって、おいしくごはんを食べることは生きがいになります。シリンジ食になっても、喜んで食べてくれるうさぎはたくさんいます。目を輝かせてごはんを食べる姿は、飼い主にとって何よりのはげみになります。

手作りおだんごレシピ

材料

介護用フード※P115を参照
少量の水またはリンゴ汁など
うさぎに合ったサプリメントや
青汁などを加えてもOK

1 小さめの容器に介護用フードを入れ、水を少しずつ加えます。サプリメントなどもこのとき一緒に加えます。

2 手のひらでおだんご状に丸めます。人差し指でコロコロと転がせるくらいの大きさにします。

3 朝夕2回のごはんの場合、1回につき10粒くらい作ります。作り置きはしないで毎回作りましょう。

シリンジ食の与え方

「ごはんだよ」と声をかけて

シリンジの先を近づけたとき、自分から「ちょうだい！」と口をもぐもぐさせてくれるのが理想。寝たきりの場合は、ペットシーツを丸く切ったものを首もとに置いて、食べこぼしをガード。

写真は左から1mL、2.5mL、25mLのシリンジ。介護初心者さんは、容量が少ないタイプがおすすめです。

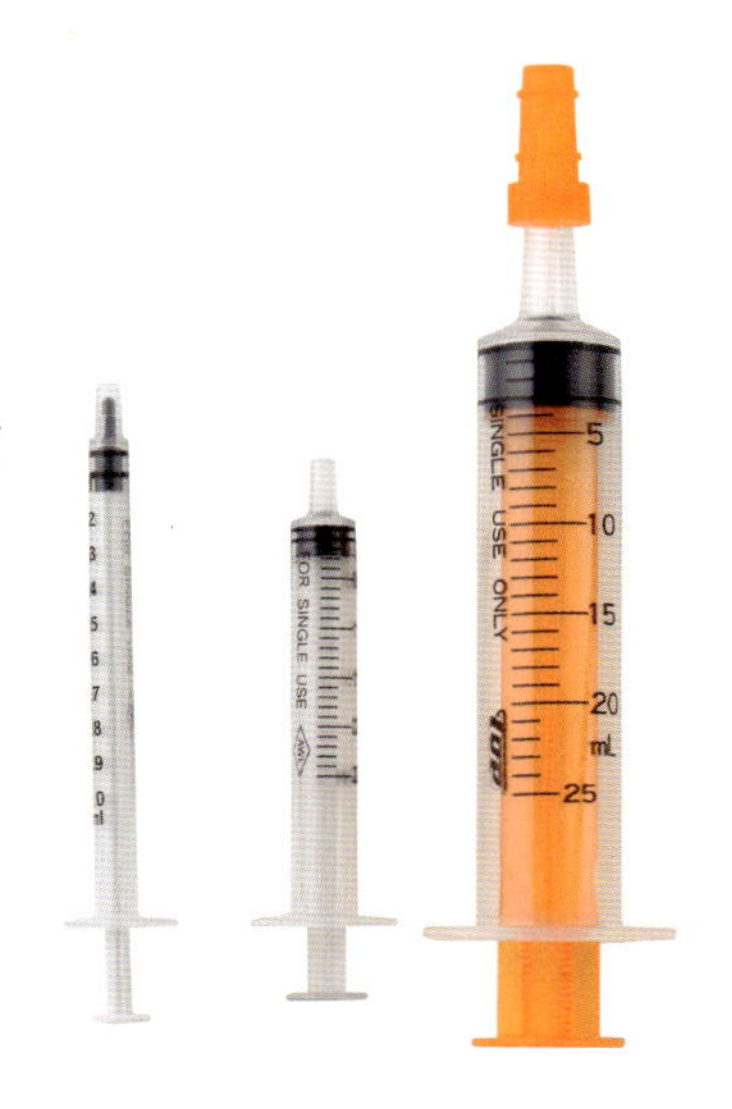

このシリンジは先端がカーブしていて、流動食の状態に合わせてハサミでカットできるようになっています。

様子を見ながら少しずつ

シリンジ食を与えるときは、少量ずつが大原則。たくさん一度に食べさせると、誤嚥（ごえん）を起こしかねません。1mLのシリンジを何本も用意しておいて、1mLずつ与えるという手もあります。

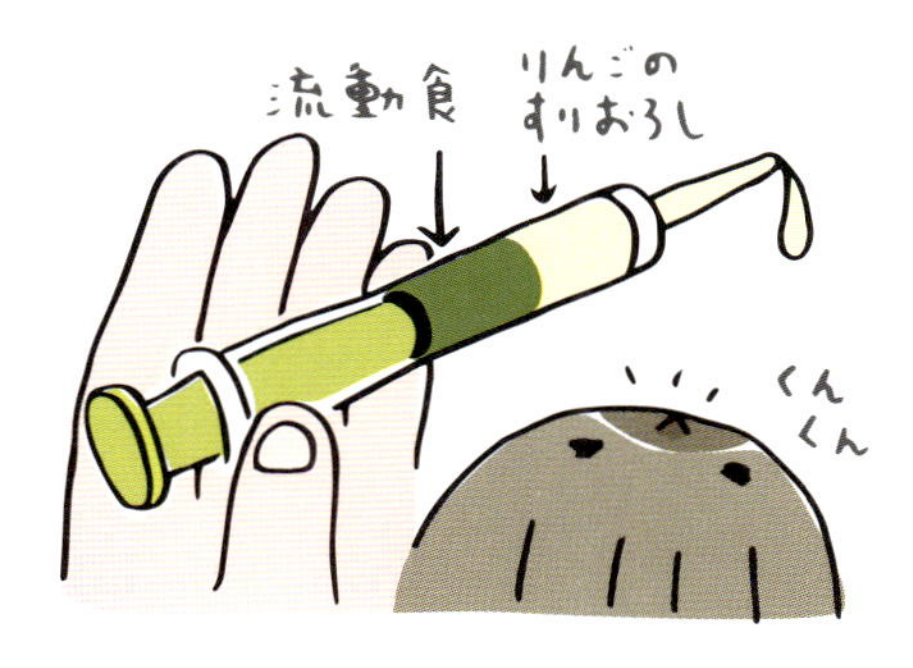

好物の力を借りて

なかなか食べてくれないときは、シリンジに流動食を入れてから、すったリンゴなどの好物を入れます。好物が先に出てくるしくみです。好物だけを入れて、まずはシリンジに慣れてもらうという手も。

暴れて食べてくれないとき

食べさせようとしても暴れてしまうときは、タオルで保定をして与えます。
いわゆる「強制給餌」ですが、食べてもらうためには必要なことです。

1 バスタオルは半分にたたみ、膝の上に敷いてうさぎを乗せます。うさぎの鼻先がバスタオルの折り目の位置にくるようにします。

2 タオルのふちをうさぎの首にそわせるようにして、左右をうさぎの頭のうしろで「着物」のように合わせます。

3 これで保定は完了。シリンジをうさぎの口もとに差し入れ、シリンジの先を正面から前歯の裏側あたりに当てると、習性でもぐもぐと食べ始めます。

オシッコやフンの問題をきちんと考える

かわいいおしりが汚れやすく

命あるかぎり、生き物は新陳代謝をくり返し、排泄をします。体の自由がきかなくなっても、フンやオシッコはするものです。

老いてくると、トイレに間に合わなかったり、あるいは足腰が弱ってトイレに行くのがおっくうになり、その場でしてしまうこともあります。また、ストレスからあちこちに排泄してしまう子もいるでしょう。

そうすると、フンやオシッコでおしりまわりの毛が汚れやすくなってしまうことに。オシッコの勢いもなくなってくるため、内ももにかかってしまうことも多くなるようです。おしりまわりがびしょびしょになっていては、うさぎ自身も不快ですよね。

オシッコで濡れたままでいると、オシッコの色が毛に染み付いてしまいます。これを尿やけと呼びます。尿やけが蓄積されると、細菌が繁殖して皮ふ疾患を起こします。オシッコによる湿性皮ふ炎（P66）は、お年寄りうさぎに多い疾患です。

寝たきりやそれに近い状態であれば、床ずれの心配も加わりま

フンもオシッコも、もとはといえば愛しいうさぎから出てきたもの。

す。排泄物の上で長時間過ごすことは、うさぎのメンタルをむしばんでしまいます。

フンやオシッコとうまく付き合う

そうなる前に、飼い主がきちんときれいにしてあげたいもの。特に盲腸便はやわらかくてくっつきやすいので難敵です。盲腸便が出る時間帯を気にかけて、食べ残しはないか、おしりや足にくっついていないか見てあげたいですね。

また、腹筋が弱くなってくることから、頻尿気味になる子も多いようです。おしりをきれいにする方法はのちほど紹介しますが、マットは寝たときに全面が体に密着しない凹凸のあるタイプを選ぶなど、暮らしの環境を工夫するのもひとつの手です。

フンやオシッコは、うさぎの健康状態を知るひとつのバロメータでもあります。きれいにしてあげると同時に、いつもと違いがないか、チェックすることも忘れずにいたいものです。

普段のグルーミングでおしりまわりを快適に

企画協力：ハウスオブラビット

うさぎだってきれいなおしりでいたい

毛づくろいする回数が減ってくるのも、お年寄りの特徴。ですから飼い主によるグルーミングが、若い頃よりも大切になってきます。けれども普段あまり見えないぶん、おしりのケアは見落としがちに。なかには、フンや毛玉がガチガチにかたまって、プロの手にかかっても、ときほぐすのに数時間かかったこともあるといいます。

フンは毎日出てくるもの。お年寄りになると盲腸便が食べにくくなって、おしりにくっついたままさらに新たなフンがざぶとんのように……ということにもなりかねません。手に負えなくなって悩むよりも、まめにおしりをケアするようにしましょう。

また、うさぎ専門店では、グルーミングや介護のセミナーに力を入れているところもあります。ケアのノウハウを直に学んで、自宅で実践するのもひとつの手です。

自宅でケアできるということは、うさぎを連れ出さずにすむということ。毎日のコミュニケーションの延長でおこなえるので、うさぎにとっても負担は少なくてすむでしょう。

おしりのチェック

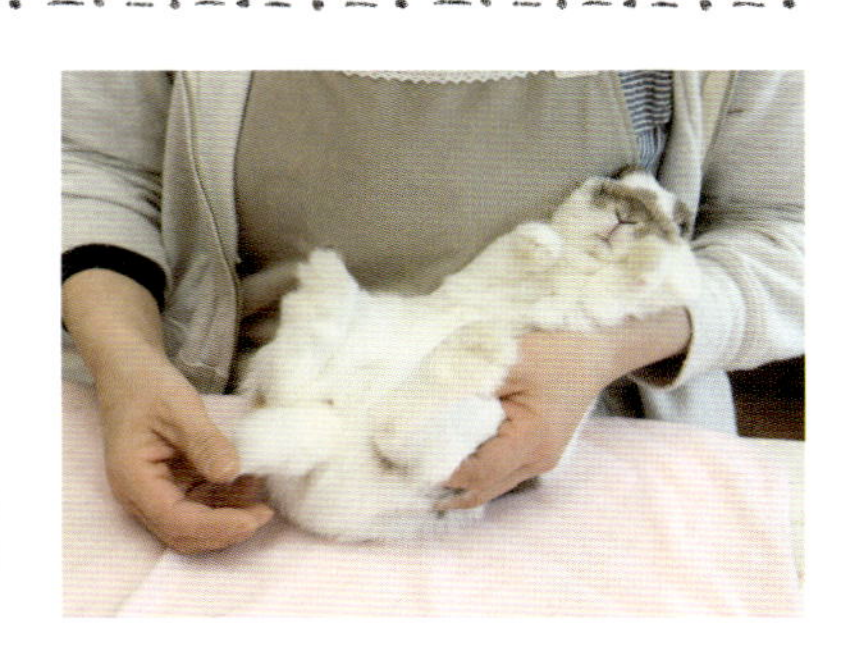

あお向けにしてチェック

おしりの汚れを確認したいときには、ひっくり返して見るのが一番。元気なときからあお向け抱っこができるようにしたいものです。

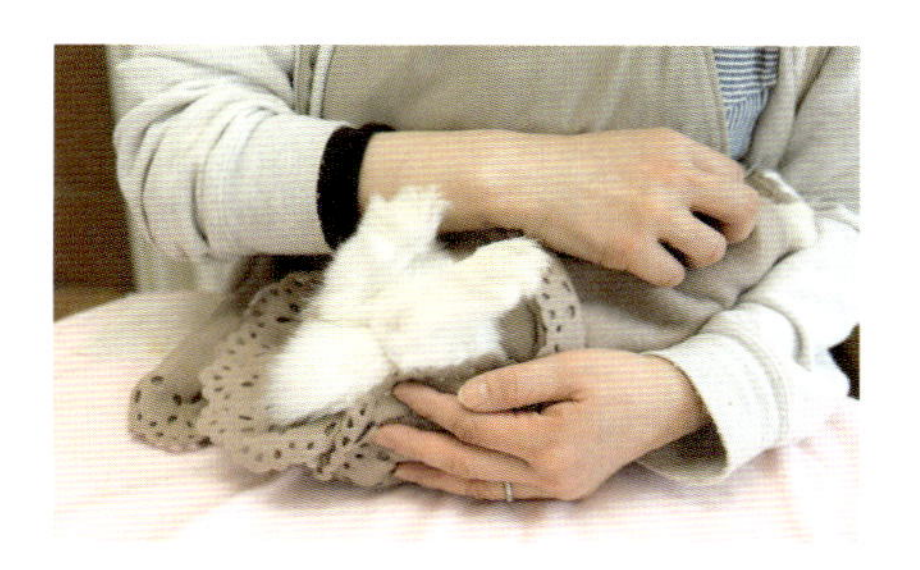

布で包んでチェック

どうしてもうさぎがじっとしてくれない場合は、大きな布の上に乗せて頭だけ出してきっちりと包み、足が動かせないようにします。そのままひっくり返して確認を。

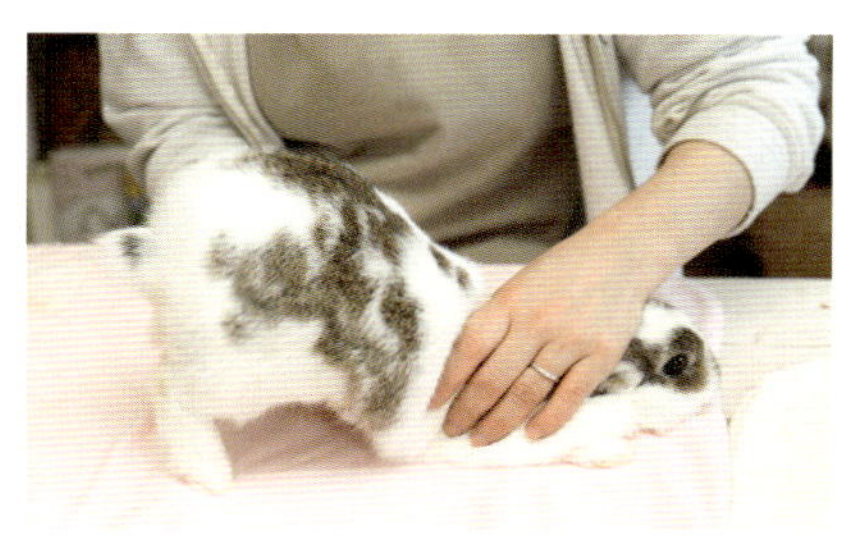

持ち上げてチェック

うさぎをひっくり返せない場合は、上半身を軽く押さえてから、お腹の下に手のひらを入れて下半身を軽く持ち上げ、おしりをのぞくようにします。

固まった汚れをほぐして取る

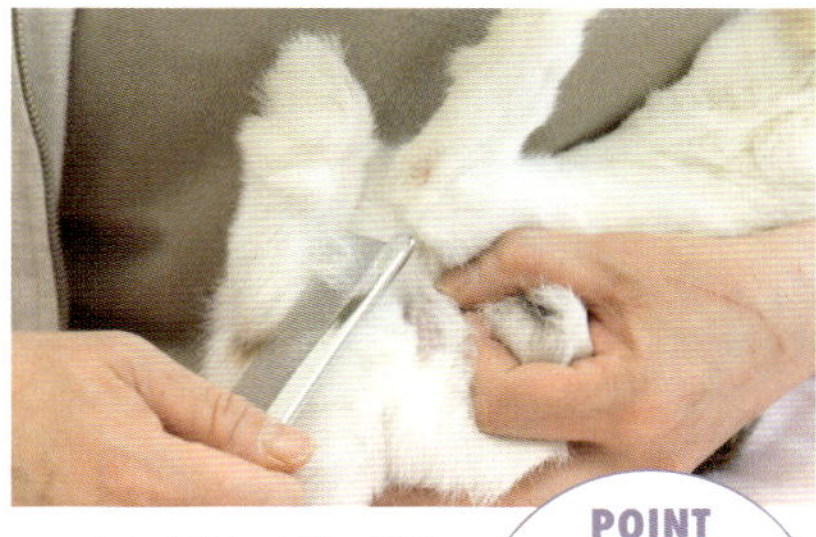

1　クシを入れて軽い汚れを取り、固まった毛を見つけます。かたまりは軽くクシの先で叩き、少しずつムダ毛を浮かします。

POINT
クシに引っかかった毛を引っ張らないように！

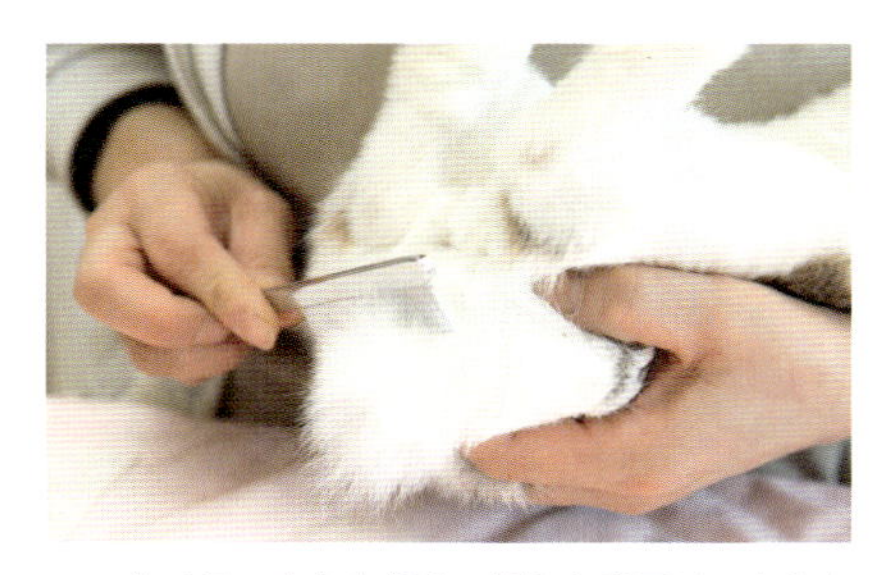

2　後ろ足の太もも部分に汚れや毛玉はできやすいですが、しっぽにもフンが隠れていることも。1と同じようにきれいにしましょう。

あお向けにできない場合

座らせたり、寝そべらせた状態でもクシを入れることができます。取りきれない汚れや毛玉は、お店などに相談を。

尿やけなどを起こした場合のおしりまわりのケア

企画協力：ペッツクラブ

シャンプーするときはストレスを最小限に

健康なうさぎにシャンプーは必要ありません。ですが、足腰が弱ってきて、尿やけなどを起こした場合は、おしりを洗ってあげることも必要となってきます。

ご存知のとおり、うさぎはシャンプーが大の苦手。なるべくストレスにならないよう、気を配ってあげましょう。シャンプー剤はうさぎの体にやさしいものを選びます。道具類は事前に準備しておいて、短時間で終わらせてあげましょう。3分から5分が理想です。

飼い主のひざの上でうさぎのおしりをきれいに

左で紹介するシャンプーのしかたは、飼い主のひざの上でおこなえる方法です。汚れを洗い流したお湯は、ひざの上のペットシーツに吸収させます。うさぎはあお向け抱っこにして、うさぎの頭部を脇でしっかり支えるようにします。

なお、ムースシャンプーは汚れがひどいときに使うのがおすすめで、通常の汚れであればお湯だけでも大丈夫です。お湯は冷めないよう、湯せんなどで保温しながら使いましょう。

お湯の代わりに使える除菌水もあります（写真はグルーミングにも使えるピュアサイエンス）。お湯よりも汚れが落ちやすく、うさぎがなめても安全です。

パナズーのムースシャンプーは、洗い流さなくてもよいタイプ。流したほうがきれいになりますが、途中で続けられなくなっても大丈夫なので安心して使えます。

このボトルはペッツクラブ（P159）のオリジナル。にぎるだけでお湯の量を調節できて、ねらったところにかけられます。

ひざの上での おしりシャンプー

準備するもの

ムースタイプのシャンプー
ワイドサイズのペットシーツ
洗浄ボトルに入れた40℃くらいのぬるま湯
ティッシュペーパー
ドライヤー
グルーミングスプレー

1 ひざの上にペットシーツを広げて、うさぎを抱っこします。シーツは絵のように折り目を付けると、うさぎの体を濡らさずにすみます。

2 うさぎを引っくり返し、洗浄ボトルに入ったお湯をおしりまわりにかけます。フンや固まった毛をお湯でふやかします。

3 汚れが浮き上がってきたら、ティッシュペーパーで拭き取ります。ゴシゴシしないで、汚れをティッシュペーパーに移す感じです。

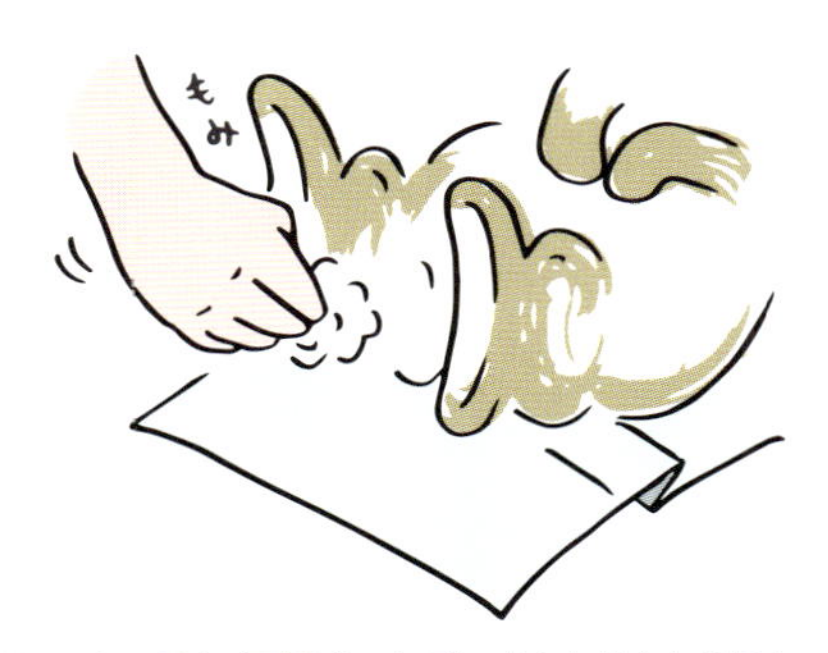

4 ムースタイプのシャンプーをおしりまわりにかけ、やさしくもんで泡立てます。浮き出た汚れはティッシュペーパーで拭きます。

POINT
まだペーパーに
汚れが付くようなら
もう一度
シャンプーして

5 ボトルのお湯で洗い流して、水分をテイッシュペーパーで拭き取ります。ドライヤーでよく乾かして、仕上げにグルーミングスプレーを。

あお向けにできない場合の自宅でのおしりケア

企画協力：ココロのおうち

あお向けができない！そんなとき…

ここでは、抱っこでのおしり洗いができない場合のケアの仕方を、ふたつ紹介します。少し大がかりになりますので、もしお湯が飛び散ってもあせらないよう、広い場所でおこなうようにしましょう。

おしりが毎日汚れるのであれば、おしり洗いは毎日するのが理想です。たいへんだと思われるかもしれませんが、こまめにケアしたほうが汚れは落ちやすいです。この方法でのケアは、完璧を目指さず大まかな汚れを取るイメージで、時間は5分から10分くらいが目安。ぜひコツをつかんで、時短に挑戦してみてください。

おしりまわりの毛をカットしておく

おしりケアを楽にするには、おしりまわりの毛をカットするという方法もあります。けれどもこの部分の皮ふはよく伸びるので、毛と皮ふを見間違いやすく、自宅でカットするには技術を要します。うさぎ専門店などでプロの手を借りましょう。カットしてもらいながら、介護についての相談をするのもおすすめです。

うさぎのおしりをケアしてあげることは、健康管理の一貫でもあります。

3つの洗面器で おしり洗い

準備するもの

ビニールシート
バスタオル数枚
大きめの洗面器３個
キッチンペーパー（やわらかいもの）

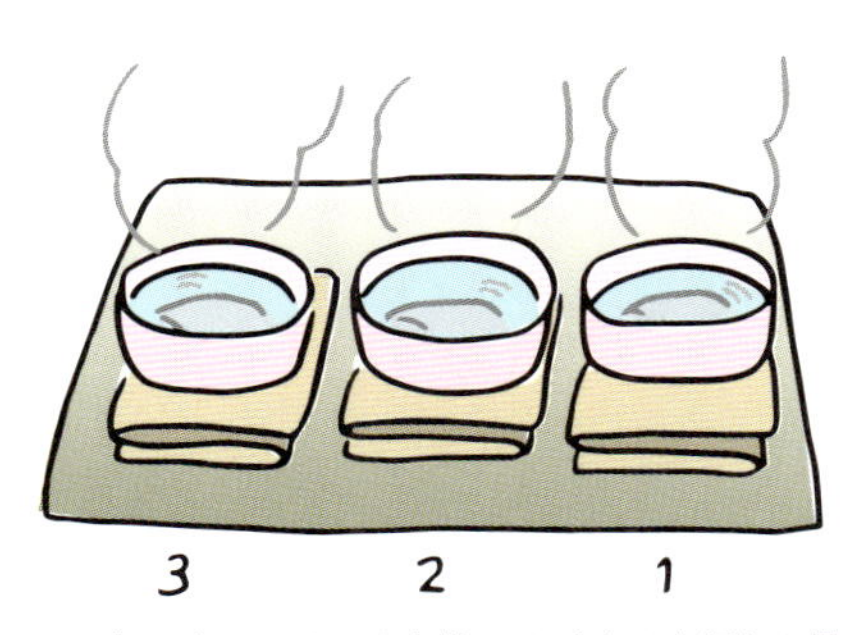

1　床にビニールシートを敷いて、あとの水漏れに備えます。この上にバスタオルを敷き、40℃くらいのお湯を入れた洗面器を３つ並べて置きます。

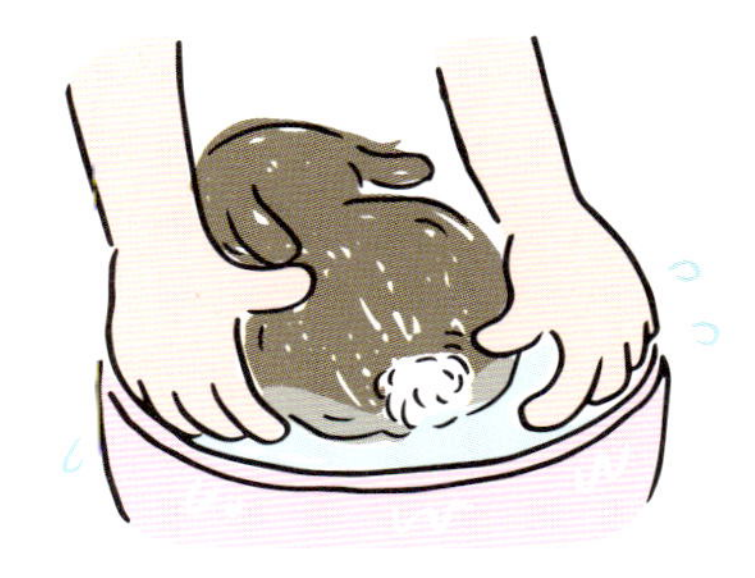

2　うさぎを連れてきます。まずは第一の洗面器にうさぎのおしりを浸け、汚れをもみほぐしながら洗います。お湯がはねても気にしないこと。

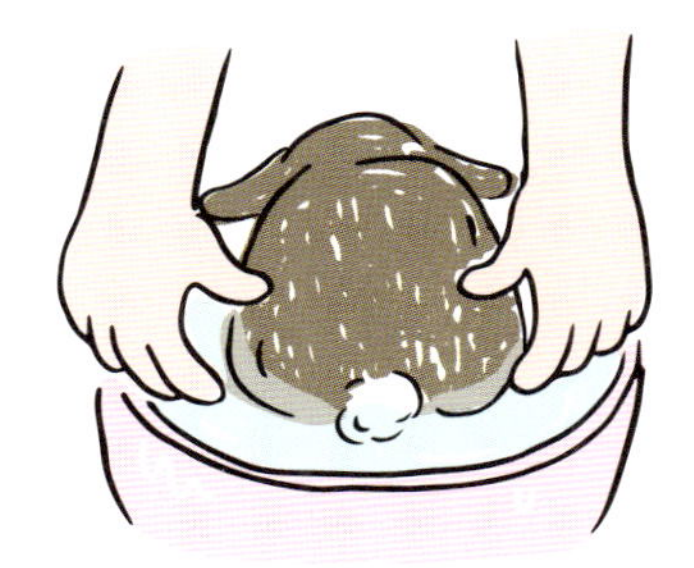

3　第一の洗面器のお湯が汚れたら、第二の洗面器にすばやくうさぎを移動。さらにおしりの毛をほぐして洗います。途中、キッチンペーパーで汚れを取ってもいいでしょう。

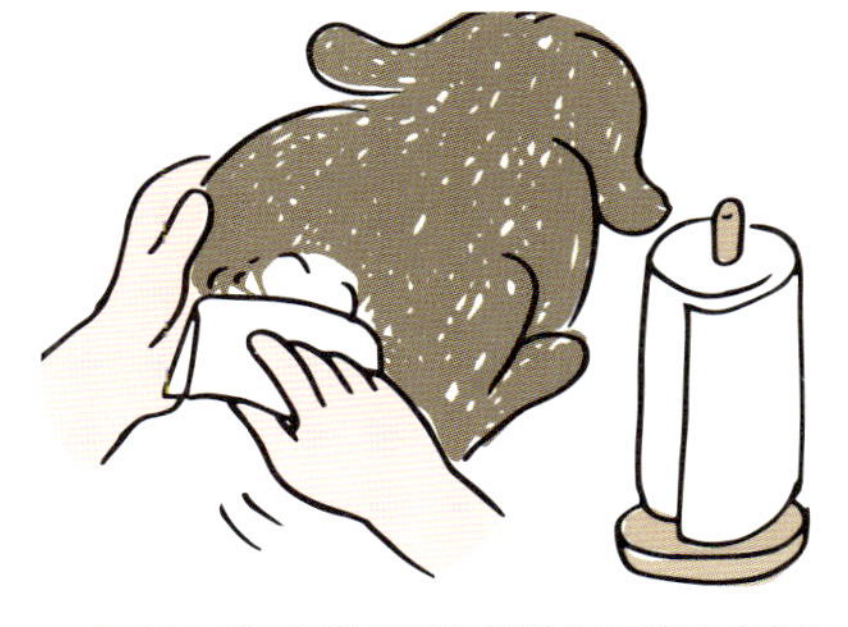

4　最後に、第三の洗面器に移動させて汚れをきれいに落とします。キッチンペーパーでうさぎの体についた水分をよく取ってあげましょう。

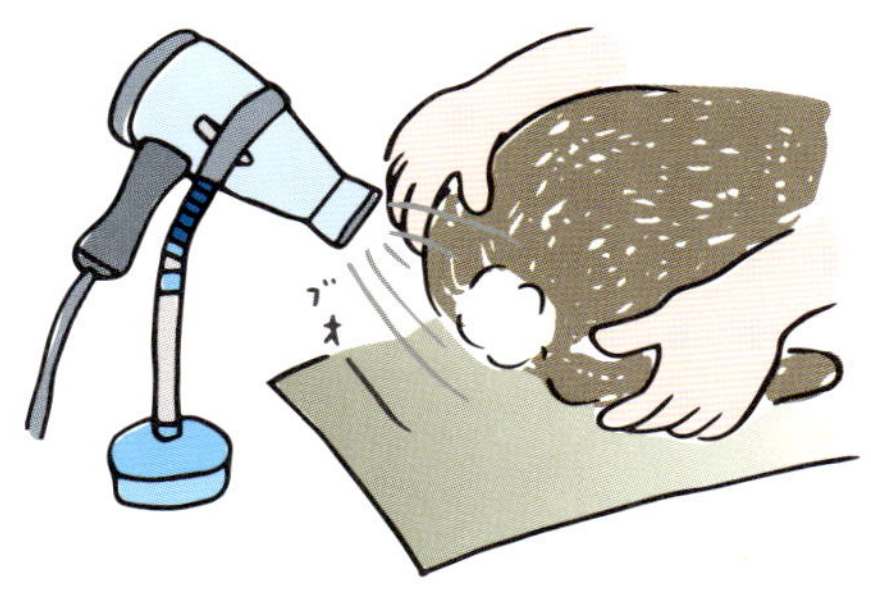

5　洗ったあとは、ドライヤーでしっかり乾かすこと。床置きタイプのドライヤースタンドがあると、両手が使えて便利です。

キャリーを使ったおしり洗い

準備するもの

金網タイプのキャリー
バスタオル
洗浄ボトルに入れた40℃くらいのぬるま湯
ワイドサイズのペットシーツ
キッチンペーパー
ドライヤー

POINT
お手伝いしてくれる人がいるときは、上部の扉を少しだけ開けてナデナデしてあげると安心します

ここでは三晃商会のライトキャリーを使ったケアの仕方を紹介します。

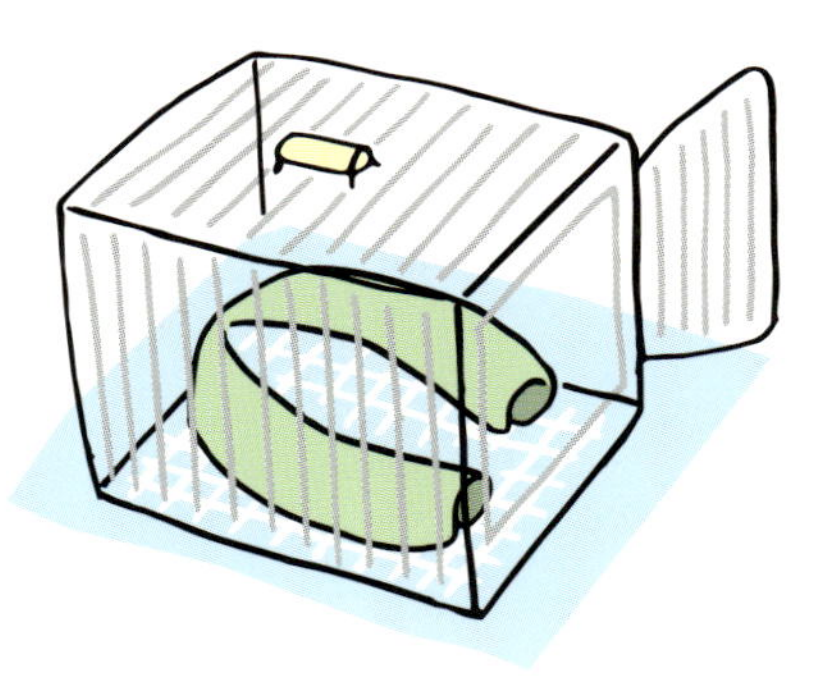

1　プラスチックの床部分を外したキャリーを、ペットシーツの上に乗せます。バスタオルはドーナツ型にしてキャリーに入れます。

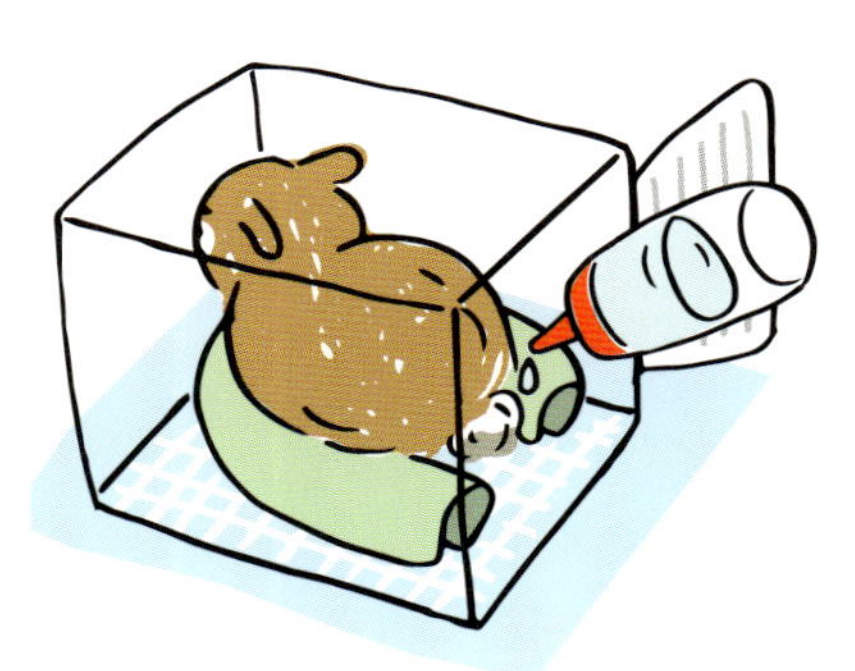

2　うさぎをキャリーに入れ、タオルで保定します。しっぽを軽く持ち上げながら、洗浄ボトルに入れたお湯を股の間にかけて、汚れをふやかします。

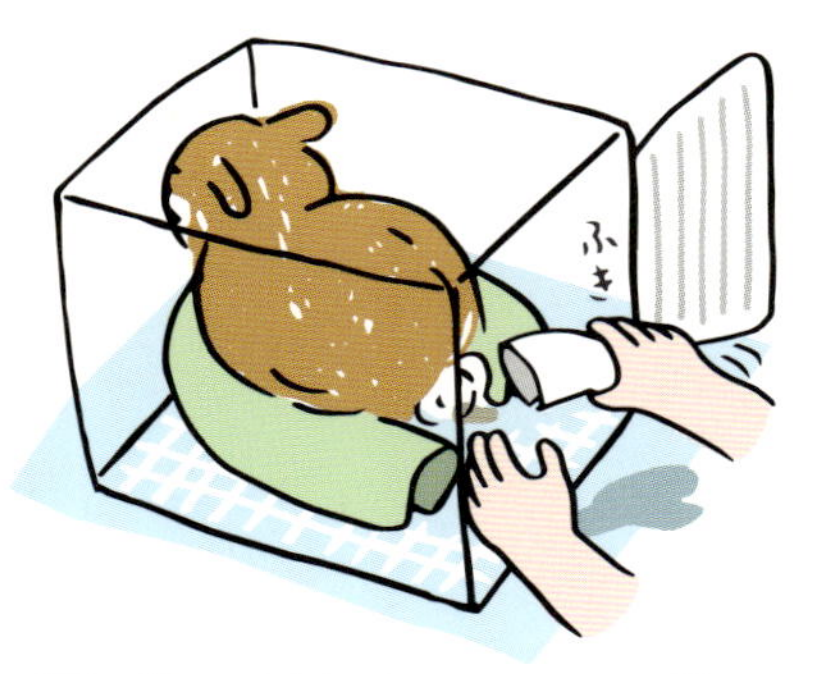

3　汚れが浮いてきたら、キッチンペーパーで拭き取ります。ペーパーにまだ汚れが付いていたら、再度お湯をかけるようにします。

4　水分が十分取れたら、ドライヤーで乾かします。後ろ側から乾かしたあとは、絵のように台に乗せ、下からも乾かすことができます。

オムツの活用法

寝たきりの子で、飼い主が留守しがちな場合は、
オムツを着けてもらう方法もあります。
オムツかぶれを防ぐため、
1日4回くらい交換しましょう。

企画協力：ペッツクラブ

1 ひざの上にうさぎを抱っこして、うさぎの後ろ足に沿わせるようにして、オムツを履かせます。テープはしっかり止めましょう。

2 オシッコが漏れてこないよう、左右のギャザーはきれいに引っ張り出しておきます。

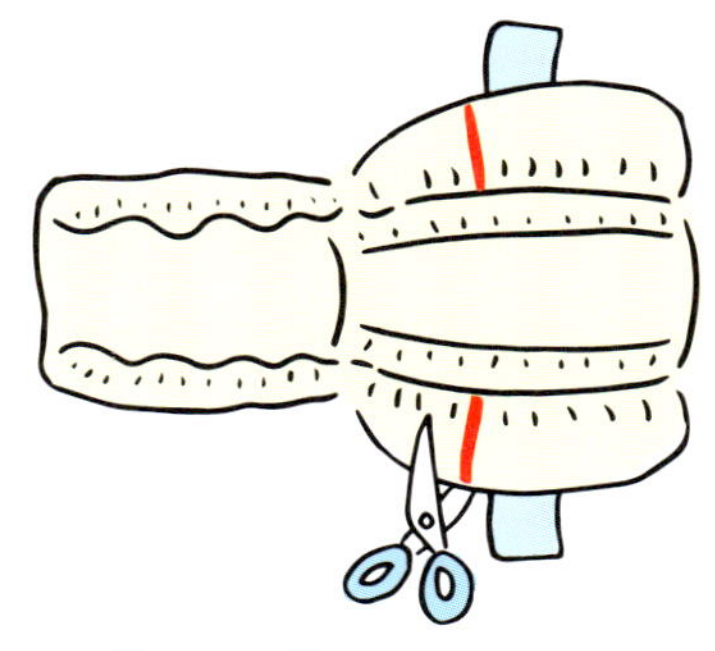

小さな赤ちゃん用オムツ

新生児よりも小さい赤ちゃん用のオムツが、うさぎのサイズに合います。うさぎの後ろ足に合うよう、絵のように切りこみを入れるのがポイント。

POINT
盲腸便が出た頃合いでオムツを外し、オムツに残った盲腸便を食べさせることもできます

column

うさぎを守るスカート

マーメイドラビットはメイちゃんの介護から生まれました。

下半身麻痺になって寝たきりになった子は、自分の後ろ足をかじってしまうことがあります。うさぎの口が足に届かないよう、介護用の「スカート」も考案されています。スカートの名前は「マーメイドラビット」。このスカートはオムツとの併用もできます。作り方はうさぎ専門店ペッツクラブのHPに。
https://www.pets-club.net/user_data/care50.php

お年寄りうさぎのお世話Q&A

Q

年をとってからのオシッコ飛ばし。なぜ?

A

オシッコ飛ばしはなわばりの主張のひとつ。性成熟した頃のほか、置き場所や家族構成が変わるなどの環境変化がきっかけになることもよくあります。見方を変えればまだまだ若い証拠ともいえますね。

Q

普通のフンも食べていますが、大丈夫?

A

お年寄りうさぎにかぎらず、若いうさぎでも普通のフンを食べることはよくあります。認知症で食べるべきフンがわからなくなったわけではないので安心してください。ちなみに盲腸便より繊維質は多くタンパク質は少ないです。

Q

盲腸便と軟便はどう違う? 見分け方は?

A

小さくやわらかな粒々の便がまとまって2~3cmほどのブドウの房状になっているのが盲腸便です。軟便は、普通の便の形でやわらかいもの、それがいくかつくっついたもの、丸い形になっていないものなどさまざまです。

Q

自分から水を飲まなくなりました。どうすれば？

A

「自分から飲まない＝必要でない」ではないので気をつけましょう。給水ボトルの位置を調整したり出ているか確認する、お皿で与える、食べ慣れているなら野菜を十分に与えるほか、シリンジを使って飲ませる方法も。

Q

換毛期になったのに換毛しません。なぜ？

A

代謝が悪くなることも関係あるでしょう。抜け毛があまりないようでも軽くブラッシングしてあげると、換毛をうながす効果が期待できます。

Q

新しい子を迎えます。注意する点はありますか？

A

新しい子はどうしても「新アイドル登場!」とちやほやしてしまいがちで、お年寄りうさぎは淋しい気持ちになってしまいます。新しい子も大切にしつつも、お年寄りうさぎに寄り添い、いつも大好きだよと伝えてください。

うさぎを全体でとらえるホリスティックとは

心と体と環境と命すべてがつながっている

ホリスティックは「全体的」という意味をあらわす言葉です。うさぎでいえば、その体、心（性格や感情など）、環境（飼育環境、飼い主との関係など）、そして、そのうさぎにまで途切れることなく受け継がれた命、それらは切り離すことはできず、すべてがつながっています。これらを「ひとつのものとしてまるごととらえる」というのがホリスティックの考え方です。

ホリスティックでは、体と心、環境がほどよく調和した状態を健康ととらえています。そして、病気になっている場所だけを治療するのではなく、日頃から全体のバランスを改善し、自然治癒力を高め、病気になりにくい体と心を作ることが大切と考えます。

マッサージやハーブなど代替療法のさまざまな種類

一般的に従来の西洋医学でおこなわれる治療ではないものを代替療法といいます（ホリスティック医療、ホリスティックケアともいう）。ペットにおこなわれるものには次のようなものがあります。

ご長寿うさぎが増えるにつれ、ホリスティックに注目が集まっています。

マッサージ：なでたりさすったりして皮ふに刺激を与える。

Tタッチ：皮ふに円を描くようにタッチし、脳への神経回路を活発化する。

鍼灸：ツボを専用の鍼（針）で刺したり、もぐさを焼いた灸で温熱刺激を与える。

ハーブ：薬効のある薬草を与える。安全な種類であることを確かめ、過度に与えすぎない。

サプリメント：健康補助食品。抗酸化作用のあるものなど。

フラワーレメディ：植物のもつエネルギーを水に移して作られた液体を用いるもの。精神面や感情面に作用する。

アロマテラピー：植物から採取した精油を希釈し、吸入したりマッサージに利用する。禁忌も多いため注意が必要。

ホリスティックと上手につきあおう

現在では、西洋医学と代替療法を組み合わせておこなう「統合医療」の考え方が広がっています。

ときとして、西洋医学で治療をするタイミングがあったのに代替療法のみに頼り、手遅れになってしまうことが問題になります。そのようなことのないよう、日頃の健康管理はホリスティックの考え方に基いておこない、病気になったときには西洋医学に基いてきちんと治療をするようにしましょう。統合医療を積極的に取り入れている動物病院で相談しながらおこなうのがベストです。

column

マッサージで「手当て」する

なでたりさすったりして皮ふに刺激を与え、血流やリンパの流れをよくしたり、神経や筋肉の機能向上をうながすものがマッサージです。家庭では、コミュニケーションや健康チェックにもなります。ケガや病気の治療を「手当て」ということがありますが、不安なときに信頼している人が体に手を当ててくれるとほっとするという経験をもつ方も多いと思います。うさぎでも同じこと。うさぎの心も体も安心させてあげましょう。

うさぎの読み物

お年寄りうさぎと防災

大野瑞絵

いつどこで何が起こるわからない自然災害。災害に備えた準備は年齢を問わず必要です。なかでもお年寄りうさぎの場合に特に気をつけたいことを考えておきましょう。

介護用品の備蓄は十分でしょうか。災害によって流通がストップすることも考えて、常に備蓄分があるように購入しておく習慣をつけましょう。

水の準備も非常に重要です。避難せずに家にいられるとしても、ライフラインがストップすることはあります。介護食を作るためにも水が必要です。

高齢のうさぎにとって環境が変わることは大きなストレスになりますが、避難指示が出たら避難しなくてはなりません。ただし同行・同伴避難が認められている避難所でも、同じ部屋で一緒にいられるとはかぎりません。あずけられる先を探しておいて一時的にあずけるなど、できるだけうさぎに負担のかからないようにしてください。

あずけるさいには、持病やかかりつけ動物病院、常備薬などの医療関連の情報も伝えましょう。

自分が家にいないときに大きい地震があるかもしれません。ものが倒れる音は大きな衝撃ですし、ケージにぶつかったらたいへんです。家具などの安全対策を点検しておきましょう。

自然災害によっていつもどおりの飼育管理や介護ができなくなるのはしかたのないことですが、できるだけの準備はしておきましょう。

CHAPTER

5

いつか 看取る日のために

お月様への道筋をつける前向きな終活を

終活はいつから何をする？

お別れが現実的になってからよりも、まだ遠いと思えるときから始めておくといいでしょう。

まずお墓のことです。ペット霊園なら、行きやすかったり景色のいい霊園を探しておくのもいいですね。金額なども確認し、納得できる方法を選んでください。

治療をどこまでするかや介護のことも考えておきましょう。経済的な負担が増えることもあるので、金銭面の準備もしておくといいでしょう。

しっかり考えたら、あとは楽しく

終活は、不安なく心安らかにうさぎの老後に寄り添うためのものです。命あるものにはいつか終わりがくることを、現実として受け止める準備のためでもあります。

うさぎが亡くなることを「月に帰る」といったりします。うさぎの終活とは、お月様にどうやって帰るか、道筋をつけてあげることともいえるかもしれません。

ときどきしっかりと終活を考える時間を作り、あとはたくさんの楽しい思い出を作りましょう。

月は美しくやさしく、夜空を照らしてくれる存在。うつむいていては見えません。

うさぎの終活ノート

年　月　日

うさぎの終活ノートを作りましょう。ときどき見直して更新します。

うさぎの基本情報

名前やその由来、誕生日や迎えた日、どんな出会いだったかなど

うさぎ「自分史」

いつどんなことがあった、こんな思い出ができたなど、年表を作ってみたりする

医療について

これまでの病気、持病、飲ませている薬
もし重い病気になったらどこまで治療するか
かかりつけ動物病院の情報
かかりつけ病院が休みのときなどに行く病院の情報
ペット保険に入っていればその情報

介護について

どんな介護が必要になりそうか
介護関連の新しい情報があったら記録

お葬式

どんなお別れをするか（お庭に土葬、火葬）
どこのペット霊園にするか
お骨はお墓を作って埋葬するか、家で供養するか

遺影

そのうさぎらしい1枚を

あずけ先

留守にするときなどにあずかってもらえる人
自分に何かあったときにうさぎを託せる人

治療をするかしないかの選択 安楽死という判断も

信頼できる獣医師と納得できるまで話し合うことが大切です。

お年寄りうさぎでも治療の選択肢が増えた

うさぎと病気との関係には、持病があって高齢になっている場合、高齢になってから病気になった場合、また、特に病気はもたず老いていく場合などが考えられるでしょう。

かつてはうさぎがある程度年をとったら「もう年なのだからしかたがない」という選択肢しかありませんでしたが、獣医療の進歩には大きいものがあり、動物病院によっては高齢でも十分な治療が受けられるようになりました。

治療をすることが可能な病気の場合には、完治することを望むのか、うさぎの生活の質を下げるような症状の改善を望むのか、特に積極的な治療をおこないのかといった選択肢があるでしょう。

総合的に考えて選択を

積極的に治療をするなら、その治療によってうさぎの寿命はどのくらい伸びるのか、うさぎへの負担（検査、治療、入院など）、飼い主への負担（通院の頻度、家庭での看護にかかる時間的負担、治療費など）といったことを獣医師

column

「安楽死」をタブーと考えないで

うさぎが重い病気で治療が困難だとしても、1日でも1時間でも長く生きていてほしいと思うものですが、それだけ苦痛が続く場合もあります。

欧米では日本よりもペットの安楽死がおこなわれることが多いようです。これ以上の苦痛から開放してあげよう、という考え方です。日本では少しでも生きていてほしいと考えることが多く、うさぎにかぎらずペットの安楽死はあまり一般的ではありません。

安楽死を選ぶかどうかは、どちらが正しいといえるものではありませんし、選んだ道を他人から批判されるべきものでもありません。うさぎのためにどうしたらいいのかを飼い主がよく考えて選んだ方法なら、うさぎは愛情とともに受け入れるはずです。

に質問し、総合的に考えてみる必要があります。

積極的に治療をしない場合や、治療方法のない病気の場合には、痛みなどの症状を緩和する治療を受けたり、食事や環境の工夫をおこないながら、生活の質の維持に重点をおくことになります。また、「自力で食事ができるうちは積極的に治療をする」といった方法を選ぶこともできます。

治療をどこまでするかを考えるさい、治療をしても苦痛が長引くような状態のときには、獣医師から「安楽死」が選択肢のひとつとして提案されることもあります（安楽死に対する考え方は獣医師によっても異なります）。安楽死とは、過度な延命治療をおこなって苦痛を長引かせることのないよう、人為的に死を迎えさせることをいいます。動物病院で、高濃度の麻酔薬を用いておこない、苦しむようなことはありません。

飼い主の決定が「正解」

どうするのかを決めるのは、飼い主としての責任でもあり、愛情でもあります。

死生観や動物観は人によって異なるので、どの選択が正しいという正解はありません。あえていうなら、うさぎにとってどうするのがいいかをよく考え、飼い主が選んだ方法が正解です。

自分が選んだ方法を信じ、どっしりかまえてぶれずにうさぎと向き合うことができれば、うさぎも安心するでしょう。

お別れのとき「ありがとう」といえる看取りのために

ちら、

たのみます…

うさぎと過ごす幸せな最期の日々

看取りとは、いよいよお別れが近づいたうさぎとともに過ごす最後の時期のことです。

うさぎの寿命にはかぎりがあり、かぎりがくればこの世界から旅立ちます。逆らうことができない、受け入れるしかない現実です。

長生きしてくれたうさぎは、飼い主に一緒に過ごす貴重な時間と、最期には看取るというかけがいのない時間を与えてくれます。あとになって振り返ったときにはとても幸せな日々でしょう。

どこで看取るのがうさぎにとっての幸せか

入院していてお別れが近いときには、そのまま入院を続けるか、家に連れて帰るかという選択肢があります。医療のプロにできるかぎりのことをしてもらっているなかでの旅立ちも、またひとつのあり方です。家に連れて帰り、いつもどおりの慣れた環境で、家族に囲まれて最期の日々を過ごすのも幸せなことでしょう。

よく考えて、そのうさぎならどうするのが幸せだと思うかを想像して決めるといいでしょう。

癒やしのお返しをするとき

ナデナデ好きならたくさんなでながら、ナデナデ嫌いな子でも「大好きだよ」と声をかけながら、これまでたくさん癒やしをもらったお返しを。

心の準備を進めていく

終活ノートを見直したり、月を見上げて「そろそろあちらに行くのか」と考えたり、少しずつ心の準備をしていきましょう。

日常を生きるのも大切なこと

うさぎを想いながらも、日々の自分の生活をきちんとおこなうことも大切です。何をしていてもうさぎに気持ちは通じています。

看取る場所を決める

もし入院している場合でも、最期が近くなってきたら家で看取るというのもいいでしょう。うさぎにとって一番いい方法で。

明るく声をかけながら心の準備も

ものを食べられなくなったり、ずっと寝ていたり、体を動かすのもつらそうになってくるかもしれません。もうすぐお別れかと考えると泣けてくるかもしれませんが、飼い主がどんな気持ちでいるかを感じ取っているうさぎも多いのではないかと想像します。できれば、笑顔で明るく声をかけてあげられるといいですね。そのなかで少しずつ、飼い主も心の準備をしてください。

自分の暮らしとも折り合いをつけて

いつ何があってもいいようにとケージのそばで眠るという方もいるでしょう。仕事中や授業中もうさぎのことが気になってしかたがないという方もいるでしょう。不安や悲しみで食欲がなくなってしまったという方もいるでしょう。うさぎとのお別れが間近になってきたという現実とともに、自分は社会生活を送り続けるのだということも現実ですから、無理をせず、きちんと日々の暮らしを送ることも大切です。

ありがとうと伝えてお別れを

家族で飼っているなら、みんなで看取り、お別れができるといいでしょう。最期のとき、静かに息を引き取るうさぎもいれば、苦しそうに亡くなることもあります。後者だったとしてもそれは誰のせ

最期のそのときまで、がんばって食べてくれる子もいます。飼い主を心配させないためでしょうか。

いでもないので、やっと楽になれたねと思うのがいいでしょう。

うさぎを飼う人もうさぎも世の中にたくさんいるなかで、何かの縁でやってきてくれたうさぎです。最期は「ありがとう」と伝えてお別れしてください。

場合によっては、仕事などでそばにいられないときや、就寝中に亡くなる場合もあります。

でも、「淋しい旅立ちをさせてしまった」と思うことはありません。うさぎはそのことで怒ったり悲しんだりしないでしょう。うさぎには、どれだけ飼い主が自分を愛していたか、きっとわかっていると思うのです。

宝物のような時間をうさぎと一緒に過ごす

看取りの日々は、いつお別れがくるかわからない日々でもあります。一緒に過ごす一瞬一瞬はかけがえのない宝物です。毎日、「大好きだよ」と伝えてあげましょう。

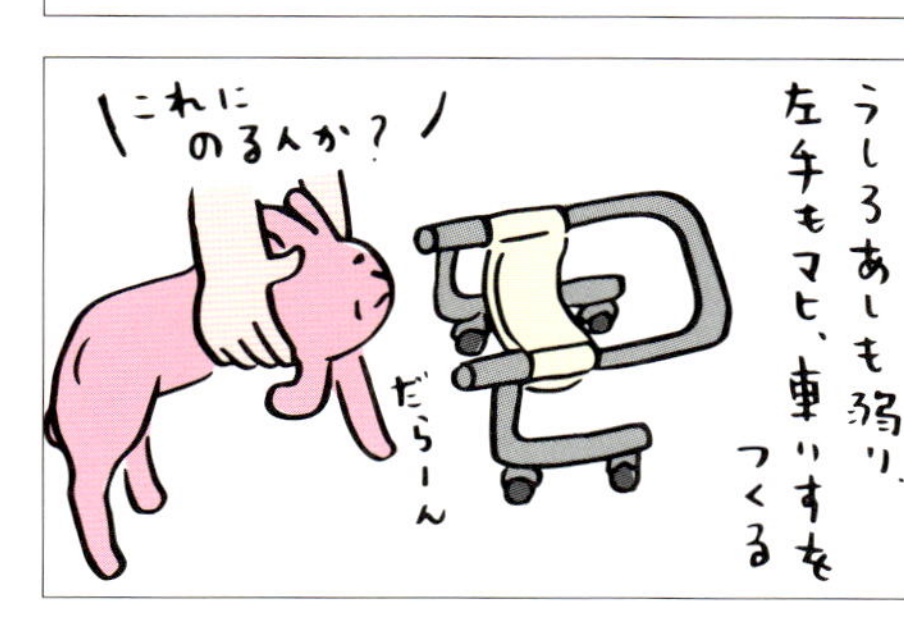

いつかは訪れるうさぎとのお別れの日

最愛のうさぎを見送るということ

その日がきてしまったら……。

たとえ闘病の末でも、すぐには「がんばったね」と素直に見送る気持ちになれず、「どうして今日なの？」と、見つかるはずのない答えを探してしまうこともあるでしょう。急に具合が悪くなったのならなおさら、もっとしてあげられることはなかったのか、自分を責めてしまうかもしれません。

体をなでてあげるとまだ温かくて、まるで眠っているようにも見えます。でも、「お別れのとき」が来てしまったという事実を変えることはできません。

うさぎが息を引き取ると、徐々に硬直が始まります。ぜひしてほしいのは、タオルや布の上に寝かせ、固まってしまう前に目を閉じたり、姿勢を整えたりと、「うちの子」らしくしてあげること。

体の穴から体液などが出てきた場合は、ガーゼなどでやさしく拭き、毛並みもきれいに整えてあげましょう。そして傷みが進まないよう、保冷剤などでお腹のあたりを冷やしてあげて。

どうぞ愛するうさぎが、安らかな眠りにつけますように……。

清潔な布やタオルの上で、「うちの子」らしい寝姿に整えてあげましょう。

目が開いていたら、そっと閉じてあげましょう。安らかなお顔になります。

お見送りの提案

ひと晩一緒に過ごしても

火葬や埋葬をするまで、お別れの時間を過ごします。SNSでの報告は悲しみが増すこともあるので、まずは親しい人に旅立ったことを伝えましょう。

棺を作ってあげる

足が伸ばせるほどの箱の中に寝かせ、好きだったものやお花を飾ります。葬儀まで時間がある場合は保冷剤も入れて。

思いっきり泣く

このときばかりは、がまんしないで泣いてもいいんです。飼い主の涙が、うさぎの眠りをさまたげることはありません。

お家の片づけ

ケージなどの片づけはつらいもの。すぐに片づけたくないときは、きれいな布などで覆っておいて、ゆっくり考えるのもいいでしょう。

お葬式やお墓などペット葬について

火葬でのお見送りでお別れの儀式を

ペットを専門にした葬儀社も一般的となり、近頃はうさぎに対応しているところも増えています。

ペット葬では、火葬から埋葬まですべてお任せする合同火葬や、お焼香の時間ももうけてくれる個別火葬など葬儀社によっていくつかのプランが用意されています。なかには信頼できないところもあるので、あまりにも安価だったり、説明が不十分なところは注意が必要です。

プランによってもかかる費用は違ってきます。事前に相場を知っておくといいでしょう。

お庭に埋葬する場合に知っておきたいこと

自宅にお庭がある場合は、お庭に埋葬するという選択肢も。いつでも思い立ったときに、お墓参りすることができます。

火葬をせずに埋葬する場合、気をつけたいのは、大雨や庭に入りこんできた外猫に荒らされる恐れもあるということ。お墓は深く掘るようにしましょう。うさぎのことを偲んで、お墓に花や木を植える方も多いようです。

うさぎは被毛があるため、土に還るのはゆっくりです。静かに眠れるよう、穴は深く掘って。

ペット葬の流れ

斎場火葬（個別火葬）

飼い主が火葬に立ち会い拾骨（しゅうこつ）ができる方法と、火葬と拾骨を葬儀社に一任する方法があります。後者を選んでも返骨してもらえます。

墓地に埋葬

個別墓地の場合、費用は高額になりますが、専用のお墓を建てることができます。共同墓地の場合は、供養や管理を管理者に任せられて費用は安価です。

納骨堂に安置

納骨堂とは遺骨を納める施設のこと。ひとつの施設にたくさんの納骨スペースがあります。お墓が決まるまでの安置所として利用するケースもあります。

自宅で供養

骨壺を持ち帰るときは、骨袋に入れてくれることがほとんど。そのまま部屋に置き、写真などを飾って供養スペースを作ることもできます。

予約・問い合わせ

あらかじめ探しておいた業者に連絡します。予約をするときに、おやつやお花などを一緒に火葬できるか聞いておくといいでしょう。

お迎え

自宅までうさぎをお迎えにきてくれる葬儀社もあります。移動火葬車にお願いする場合は、どこで火葬するのかを確認し、近所の家々に配慮しましょう。

お葬式

個別火葬のプランによっては、お寺で読経や焼香などをおこなう場合も。家族や友人と一緒にお別れの時間を共有することができます。

斎場火葬（合同火葬）

ほかの子と一緒の合同火葬は、同じようにペットを亡くした人と悲しみを分かち合えることも。費用も抑えられますが、返骨や分骨には対応していません。

メモリアル これからもずっと一緒だよ

うさぎとの思い出を幸せな形に残して

うさぎを見送ったことはとても悲しいけれど、うさぎと過ごした日々には、その悲しさ以上に楽しかったこと、幸せだったことがたくさんあります。

うさぎがいつもいた部屋を悲しい空間ととらえるのではなく、幸せな思い出で満たしてあげたいもの。月命日や「うちの子記念日」など、うさぎとの思い出がつまった節目の日を悲しむ日ではなく、心温まる日にしたいものです。

そうはわかっていても、思い出すたびに泣けてきてしまうのは、悲しさを癒やすには時間がかかってしまうから。一歩ずつ、自分のペースで思い出を幸せな形に戻していきましょう。

うさぎの思い出と寄り添って

たとえば失恋したとき、そこから立ち直るには「忘れる」ことが得策なのかもしれません。でも、うさぎのことを忘れることなんてできませんよね。悲しみに寄り添い、形にして残すことは、変わらぬ愛の証ともいえるのではないでしょうか。

これは『うさぎの時間』編集部に寄せられた写真。10歳でお月様に旅立った、なな助君の写真がにぎやかに飾られています。

メモリアルの提案

カワイイの撮っておいてね。

お仏壇を作ってあげても

ペット用のお仏壇も販売されています。新しいお家を作ってあげると、飼い主の気持ちのよりどころになることも。

まあまあやな…
月はどお？

記念日に思いをはせて

月命日、四十九日、一周忌に誕生日、「うちの子記念日」などにはお花を飾ったり、好きだった食べ物を用意したり。

いつでも話しかけてね

たくさん撮った写真は部屋に飾ったり、携帯でいつでも見られるようにしたり。今は見られなくても、写真は大切に保存して。

ロケットにお骨を入れて

葬儀社によっては、分骨してくれるところも。お骨をロケットに入れて持ち歩くと、うさぎを近くに感じることができますね。

ペットロスになってしまったあなたに伝えたいこと

ペットロスになってしまったら…

うさぎが亡くなってから1週間くらいは、興奮状態でロスを感じないケースが多いです。食事やお水の用意、ケージの掃除をしない日が何日か続き、「いつもそこにいたうさぎがいない」という現実と向き合うことで、ある日突然、喪失感がやってきます。

ペットロスになるのは、決して弱い人間だからでも、うさぎに依存していたわけでもありません。どうか、その気持ちを押し殺そうとしないでください。「私は大丈夫」と気持ちにふたをしてしまうと、自分の心が壊れかねません。

後悔から、悲しみが増長してしまうことも

一緒に過ごした日々がもう二度とこないという淋しさもありますが、「あのときこうしてあげればよかった」という後悔の気持ちも強いもの。どんな最期を迎えたとしても、抱いてしまう感情です。そこで、くれぐれも自分を責めないでほしいのです。

うさぎはあなたがどれほど心を砕いたのか、ちゃんとわかってくれています。

喪失感はうさぎが亡くなったあと、何日かしてから訪れることが多いです。

column

家族の悲しみに気づく

家族のなかで誰かがペットロスになっていたら……。どうか、支えになってあげてください。悲しみのあまり、生活に支障をきたすようになったり、場合によってはうつになってしまうこともあります。

うさぎの世話を一番した人ほど、ペットロスになりがちです。その人が悲しみにくれていたら、温かい飲み物を用意して、うさぎのことを話しましょう。親しい人と悲しみを共有することは、何よりの手助けになります。

失った子のことを声に出して話す

後悔に押しつぶされてしまいそうになったら、うさぎのことを気にかけてくれた人を思い出してください。会うといつも「うさちゃんどうしてる？」と聞いてくれて、うさぎの写真を見せてほしいとせがんできた人のことを。

そしてその人と会う約束をしてください。直接会って、うさぎのことを聞いてもらうんです。うさぎを迎えた頃のこと、病気をしたこと、なついてきてくれたこと、いたずらされて困ったこと、だんだん年をとってきたこと、そして最期を迎えたときのこと……。

うさぎのことを口に出して話すことで、うさぎを失った悲しみと向き合うことができます。

向き合うといえば聞こえはいいですが、大きな悲しみに直面するのですから、誰かに話を聞いてもらうことが大事です。でもその深い悲しみを味わうことこそが、ペットロスからの抜け道につながっていくのです。

新しい子を迎えることについて

大好きなうさぎを見送ったあと、「また新しい子を迎えたら」と言ってくれる人もいるのではないでしょうか。

そんなとき「あの子の代わりなんていない」「あの子に悪い」と思う人もいるでしょう。

けれども、飼い主がうさぎの幸せを望むように、うさぎも飼い主

の幸せを望んでいます。新しい子を迎えたことを、裏切りと感じるうさぎはいません。

うさぎはあなたに魂のかけらのようなものを残していってくれています。

たとえば、うさぎと仲良くなれることだったり、病気や不調にいち早く気づいてあげられることだったりします。そのかけらは、新しい子にとっては宝物となり、やがてその子へと受け継がれていきます。新しい子のなかに先代うさぎのかけらを見ることは、何よりの癒やしになることでしょう。

うさぎを愛した気持ちに誇りをもって

うさぎを亡くしてから3年くらいたっても、ふとしたことで思い出し、涙があふれてくることもあります。それは新しい子を迎えたあとであっても同じです。でもそれが、自然なのです。

ペットロスは周囲の人すべてに理解されるわけではありません。なかにはそのことを中傷する人もいるかもしれません。けれども、そんなことで傷ついているわけにはいかないのです。ペットロスになるのは、それだけ深くうさぎのことを愛していたから。その気持ちは揺るがないはずです。

うさぎを愛した気持ちに誇りをもち続けることが、うさぎを失った悲しみに寄り添うことになるのではないでしょうか。

寄り添う２輪の花のように
いつも一緒だったかけがえのない日々
うちの子になってくれてありがとう

おわりに

人の寿命はうさぎよりずっと長いのですから、うさぎのほうが早く老いていきます。これが逆だったら、たいへんです。私たちはうさぎのお世話をまっとうできませんし、お見送りすることもできません。

お年寄りうさぎをお世話する時間は、かぎられています。だからこそ、一緒にいられるときを大切にしたい。お年寄りうさぎと向き合う時間は、今までよりももっと濃密なものになるのではないでしょうか。

この本では、獣医師、うさぎ専門店、うさぎ用品のメーカー、そしてうさぎの飼い主の方々に協力をいただき、お話をうかがいました。

その取材のなかで、こんな話をお聞きしました。

「老いたうさぎは、私たちに命がけで何かを教えてくれようとしているんだと思うんです」

うさぎが私たちに教えようとしているもの……。

それが何なのかを、『うさぎの時間』もずっと考えていきたいと思っています。

うさぎの時間編集部

うちのうさぎの老いじたく　取材協力店・企業

うさぎのしっぽ

春と秋におこなわれるうさぎのイベント「うさフェスタ」を主催。うさぎ用品の企画制作も手がける、うさぎの専門店です。代表の町田修さんはうさぎ関連の著書多数。お年寄りうさぎのケアにも力を入れ、うさフェスタでのセミナーや、『しっぽ通信』として情報発信も。恵比寿店、洗足店、柴又店、吉祥寺店、hus二子玉川店もあり。

うさぎのしっぽ横浜店
〒235-0007　神奈川県横浜市磯子区西町9-2
TEL 045-762-1232
営業時間　平日14:00〜19:00
土・日曜、祝祭日11:00〜19:00　無休
https://www.rabbittail.com

ココロのおうち

「うさぎさんとの幸せな暮らし」を応援するうさぎ用品とケアの専門店。オリジナル牧草をはじめ介護用品、うさぎの健康手帳など、豊富にそろえています。店長の森本恵美さんはうさぎとの暮らしや育て方をレクチャーする講師としても活躍し、介護セミナーも全国で実施しています。

ココロのおうち
〒676-0825　兵庫県高砂市阿弥陀町北池292-1
TEL 079-446-2757
営業時間　平日15:00〜18:30
土・日曜、祝祭日13:00〜18:30　水・木曜休
http://www.kokousa.com

ハウスオブラビット

うさぎと、うさぎが大好きな人たちのための「うさぎのトータルケアショップ」。オーナーの鷲見美紀さん発案の介護アイテムが数多く商品化されており、うさぎ用品メーカーの商品開発にもたずさわっています。グルーミングしながらのカウンセリングが人気で、少人数制レッスンなどもおこなっています。

HOUSE OF RABBIT
〒333-0842　埼玉県川口市前川1-9-18
TEL 048-269-1194
営業時間　12:00〜17:00（土曜〜19:00）
日曜、祝祭日10:00〜17:00　水・木曜休
http://houseofrabbit.com

ペッツクラブ

うさぎの魅力に心を奪われ、ブリーダーとして100頭近いうさぎと暮らしてきた大里美奈さんが立ち上げたうさぎ専門店。「困ったときはpet's-club」をスローガンに掲げ、うさぎにとってよりよい商品を常に追求。お年寄りうさぎのケア用品・サプリメントも豊富にあつかい、介護やケアに役立つ動画も発信しています。

pet's-club
〒225-0021　神奈川県横浜市青葉区すすき野2-6-5
TEL 045-902-3420
営業時間 平日14:00〜18:00
土・日曜、祝祭日11:00〜19:00　火・木曜休
https://www.pets-club.net

三晃商会

うさぎの快適さと介護する飼い主をサポートする、らくサポシリーズ（P111）を発売。足もとにやさしいマットやクッションがあります。うさぎ用品も多く手がけ、シニア向けにも便利なフード入れや牧草入れ（P104）などや、シニア用ペレット（P29）もそろっています。
http://www.sanko-wild.com

川井

うさぎの足にやさしい「わらっこ倶楽部」（P102）やバナナの茎を使ったシリーズ（P106、108）など、お年寄りうさぎの住まいに取り入れたい商品が多数。定番のケージ、コンフォートシリーズ（P108）も人気。おやつなどもバリエーション豊富です。
http://www.kawai-cat.com

ハリオ

ガラス製品で有名なハリオは、ペット用品も手がけています。うさぎ用の商品ではないですが、猫用のフード入れ「にゃんプレ」（P106）はうさぎが食べやすいと評判。いつかうさぎ用の商品が発売されるとうれしいですね。
https://www.hario.com

ジェックス

トイレとの段差が少ないケージ「ラビんぐフラットフロア70」（P106）や、5歳からのペレット（P29）など、老いじたく向けの商品がそろいます。トイレまわりのお掃除や消臭に活躍する「うさピカ」シリーズは、飼い主にとってお助けアイテムに。
http://www.gex-fp.co.jp/animal

マルカン

広々とした「うさぎのカンタンおそうじケージワイドB」（P102）など、老いじたくに参考にしたい商品が豊富です。フードやおやつ、グルーミング用品など、試してみたいうさぎ用品もたくさん。かわいい陶器製のフード入れ（P102、110）も人気です。
http://www.mkgr.jp

プラス工房

獣医師やうさぎ専門店とのコラボによる、こだわりの商品を手作りしています。ふわふわで足にやさしい防水マット（P104）や介護用クッション（P108、111）、ベッド付きキャリー（P111）は、お年寄りうさぎの強い味方。
http://plus-kb.com

うさぎの時間

「うさぎと飼い主の時間をもっとハッピーにする」うさぎの総合情報誌。毎号すぐに実践したくなるアイデアいっぱいの情報を発信。撮りおろしのキュートなうさぎの写真は、見ているだけで癒やされます。『うさぎの時間』は年に2回、春秋刊行。

＊この本は『うさぎの時間』連載中の「うちのうさぎの老い支度」および関連記事を再編集し、大幅に加筆を加えたものです。

イラスト
はまさきはるこ

イラストレーター。絵本やパッケージなどのデザインも手がけています。2005年、ペット商品のデザインの仕事を受けていたとき、その会社で飼われていたうさぎの子供をもらうことに。それがギンちゃん。大阪府在住、1児の母でもあります。

監修【2章】／三輪恭嗣
（みわエキゾチック動物病院院長）

ライター／大崎典子　大野瑞絵　佐藤素美

企画協力／鈴木理恵

撮影協力／大澤由子

写真／井川俊彦　居木陽子　高原秀
平林美紀　蜂巣文香

感謝状刺繍イラスト／白石さちこ

デザイン／橘川幹子

編集／堀口祐子（ポットベリー）

協力
加藤久美子（くみ動物病院／アジア獣医眼科専門医）
山内健志（雪龍山エルム鍼灸整体院院長）
山口真（星川レオン動物病院院長）
杉本恵子（みなみこいわペットクリニック医療サポートセンター院長）
山崎産業
この本と『うさぎの時間』に協力いただいた飼い主のみな様とうさぎさん

愛うさとさいごの日まで幸せに暮らすための提案
うちのうさぎの老いじたく　NDC 488

2018年6月20日　発　行

編　者　うさぎの時間編集部
発行者　小川雄一
発行所　株式会社 誠文堂新光社
〒113-0033　東京都文京区本郷3-3-11
（編集）電話03-5800-5751
（販売）電話03-5800-5780
http://www.seibundo-shinkosha.net/
印刷所　株式会社 大熊整美堂
製本所　和光堂 株式会社

ISBN978-4-416-61878-3